中道友子魔法裁剪1

[日]中道友子　著

张道英　译

将面料裁剪并将衣片缝合就能组合成立体的服装。

将立体的服装拆开放平就得到了纸样。

平面和立体、平面纸样和立体的服装的关系总是不变的方程式。

因此，纸样如谜一般，通过切割、移动或重组衣片，就能做出衣服。

运用你的原创设计，

获得新的纸样。

东华大学出版社·上海

目 录

本书使用方法   4

成人女子文化式原型   6

基础   17

第 一 部 分
灵感启发：
创意造型

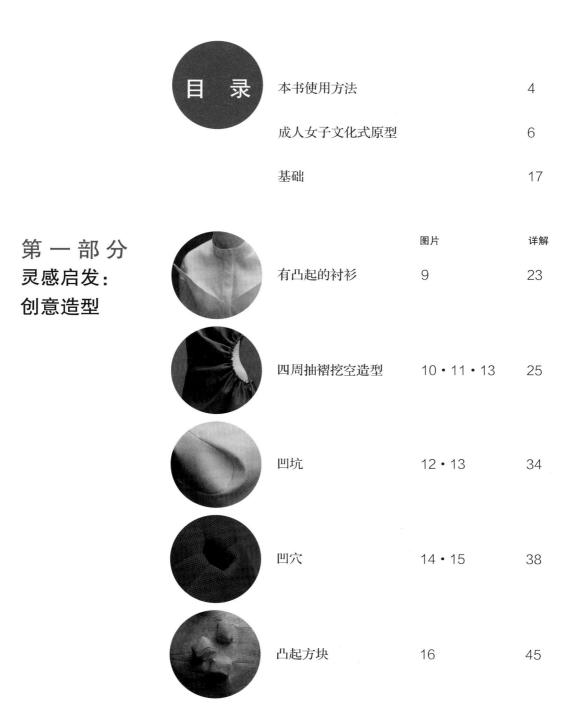

	图片	详解
有凸起的衬衫	9	23
四周抽褶挖空造型	10·11·13	25
凹坑	12·13	34
凹穴	14·15	38
凸起方块	16	45

    本书使用与日本成人女子文化式原型配套的人台。详见第 6 页和第 7 页。制图全部采用女性 M 号尺寸（胸围 83 cm，腰围 64 cm，背长 38 cm）。分割线的位置、量等根据尺码的大小进行变化。如果使用 1/2 人台，在绘制纸样时需将所有尺寸减半。

第 二 部 分
高级定制服装中的
创意纸样

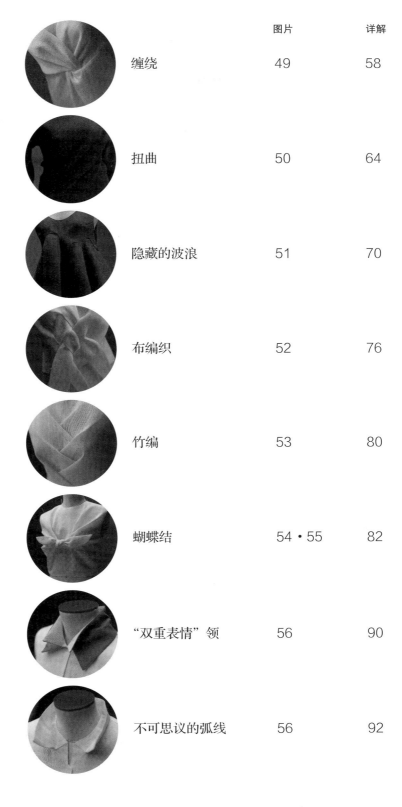

	图片	详解
缠绕	49	58
扭曲	50	64
隐藏的波浪	51	70
布编织	52	76
竹编	53	80
蝴蝶结	54 · 55	82
"双重表情"领	56	90
不可思议的弧线	56	92
成人女子文化式原型 M 号尺寸（1：2 纸样）		94

本书使用方法

　　关于立体和平面、服装和纸样的关系，在扉页已写。为女性做衣服不只是为了合体，使女性看上去更具魅力才是最大的目标。因此，服装设计是无止境的，跨越时代的，给我们带来永恒的乐趣。希望本书介绍的纸样制作方法能帮助您将设计转化为纸样的轮廓和细节。如果您能从中汲取灵感，并找到适合自己的新方法，将非常令人高兴。

　　本书中每款服装的设计制图、纸样操作都按日本文化式原型中的成人女子 M 号尺寸（胸围 83 cm，腰围 64 cm，背长 38 cm）为基础制作，而且，立体的纸样成品是用 1/2 人台展示的。这个人台全部尺寸都是 M 号全码人台 1/2 比例的，表面积是 1/4，体积是 1/8。使用 1/2 人台，对于服装整体的平衡、氛围感都能较好地把握，而且便利。此外，为了便于理解纸样的形成，省略了实际的放缝线和其他裁剪标记，也省略了布料用量。

制图缩写

BP
胸高点、乳头点

AH
袖隆

FAH
前袖隆

BAH
后袖隆

B
胸围

W
腰围

MH
中臀围

H
臀围

BL
胸围线

WL
腰围线

HL
臀围线

EL
袖肘线

CF
前中心线

CB
后中心线

制图符号

名称	符号	说明
基础线		为了与目标线相连而作的基础线，用细实线表示
等分线		将一段线分成几段等长的线段，用细虚线表示
完成线		纸样上的轮廓线，用粗实线或粗虚线表示
连裁线		在连裁位置标记，用粗虚线表示
直角标记		直角处的标识，用细实线表示
单向褶裥		下摆方向褶裥量的两根线间用斜线表示，由高向低表示褶裥的方向
丝缕线		箭头方向表示布的直丝缕，用粗实线表示
45° 斜纱方向		在布的 45° 方向标记，用粗实线表示
拉伸记号		在拔开（拉伸）位置处标记
归拢记号		在归拢（缝缩）位置处标记
关闭和切展标记	关闭 打开	纸样上的省道关闭，反之表示纸样上的省道打开
与其他样片的连裁标记		表示布需连裁处，在纸样上标注

从 1：2 纸样转化为实际 1：1 纸样的方法

这里以"凹穴"纸样中的一个部件为例介绍扩大为实际 1：1 纸样的方法。

❶ 准备好 1：2 纸样和实际要画 1：1 纸样的白纸。将 1：2 的坯布样片拷贝到纸上。

❷ 从哪儿开始都可以，这里从Ⓐ开始。

从Ⓐ点向上作竖线，从Ⓑ点向左作水平线，得到两条线的交点ⓐ。

Ⓐ到ⓐ点间的尺寸为○，ⓐ—Ⓑ间的尺寸为∅，分别将○与∅扩大2倍，画到白纸上。

❸ 接下来在Ⓐ和Ⓑ两点连线上找到▨的2倍尺寸的点，过这点作垂线，得到●×2尺寸的点，画出弧线。

❹ 延长ⓐⒷ线，分别将◞和◣尺寸扩大2倍作出Ⓓ点和ⓑ点。

❺ 延长Ⓓⓑ两点连线，△×2得到ⓒ点。

从ⓒ点作直角，▵×2得到Ⓔ点，然后▨×2以及▲×2得到ⓓ点。

就这样，作1：2纸样的基础线，扩大2倍得到1：1纸样，然后拷贝到白纸上。

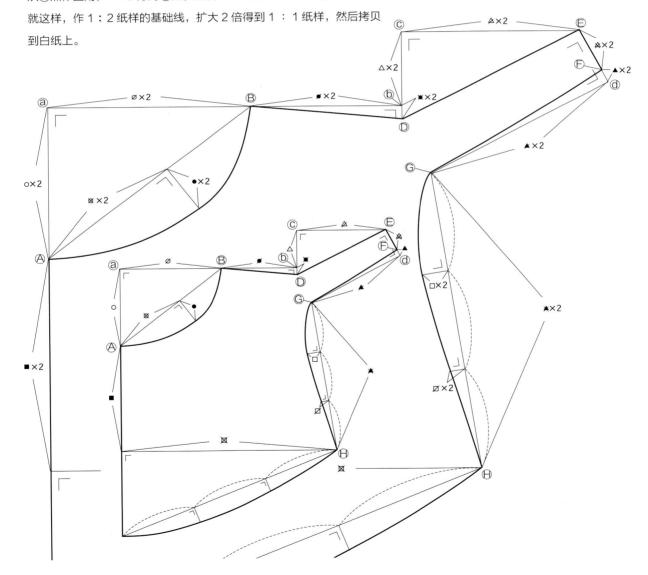

成人女子文化式原型

　　这是基于现代日本女性的体型制作的文化式原型，通过收省（胸省、肩省、腰省）使之形成贴合身体的立体纸样。

　　为了绘制原型，需要胸围（B）、腰围（W）、身高的尺寸。各部位的尺寸以胸围尺寸为基准，根据胸围和腰围尺寸计算出省量。总腰省量以腰围为 W/2+3 cm 的宽松量算出，即身宽 –（W/2+3 cm）。为了完美地贴合身体，各部位尺寸需要进行详细的计算，但如果参考下面"各部位尺寸一览表"，就能比较简单地进行绘图。另外，94、95 页分别给出了胸围为 77 cm、80 cm、83 cm、86 cm、89 cm 的 1∶2 原型纸样。希望大家可以灵活运用。

各部位尺寸一览表

单位：cm

Ⓑ	身宽 $\frac{B}{2}+6$	Ⓐ~BL $\frac{B}{12}+13.7$	背宽 $\frac{B}{8}+7.4$	BL~Ⓑ $\frac{B}{5}+8.3$	胸宽 $\frac{B}{8}+6.2$	$\frac{B}{32}$ $\frac{B}{32}$	前领宽 $\frac{B}{24}+3.4=◎$	前领深 ◎+0.5	胸省 $(\frac{B}{4}-2.5)°$	后领宽 ◎+0.2	后肩省 $\frac{B}{32}-0.8$
77	44.5	20.1	17.0	23.7	15.8	2.4	6.6	7.1	16.8	6.8	1.6
78	45.0	20.2	17.2	23.9	16.0	2.4	6.7	7.2	17.0	6.9	1.6
79	45.5	20.3	17.3	24.1	16.1	2.5	6.7	7.2	17.3	6.9	1.7
80	46.0	20.4	17.4	24.3	16.2	2.5	6.7	7.2	17.5	6.9	1.7
81	46.5	20.5	17.5	24.5	16.3	2.5	6.8	7.3	17.8	7.0	1.7
82	47.0	20.5	17.7	24.7	16.5	2.6	6.8	7.3	18.0	7.0	1.8
83	47.5	20.6	17.8	24.9	16.6	2.6	6.9	7.4	18.3	7.1	1.8
84	48.0	20.7	17.9	25.1	16.7	2.6	6.9	7.4	18.5	7.1	1.8
85	48.5	20.8	18.0	25.3	16.8	2.7	6.9	7.4	18.8	7.1	1.9
86	49.0	20.9	18.2	25.5	17.0	2.7	7.0	7.5	19.0	7.2	1.9
87	49.5	21.0	18.3	25.7	17.1	2.7	7.0	7.5	19.3	7.2	1.9
88	50.0	21.0	18.4	25.9	17.2	2.8	7.1	7.6	19.5	7.3	2.0
89	50.5	21.1	18.5	26.1	17.3	2.8	7.1	7.6	19.8	7.3	2.0

腰省量分布一览表

单位：cm

总省量 100%	f 7%	e 18%	d 35%	c 11%	b 15%	a 14%
9	0.6	1.6	3.1	1	1.4	1.3
10	0.7	1.8	3.5	1.1	1.5	1.4
11	0.8	2	3.9	1.2	1.6	1.5
12	0.8	2.2	4.2	1.3	1.8	1.7
12.5	0.9	2.3	4.3	1.3	1.9	1.8

原型的绘制方法

原型分为衣身原型和袖原型，此处只列出书中使用的衣身原型。

基础线

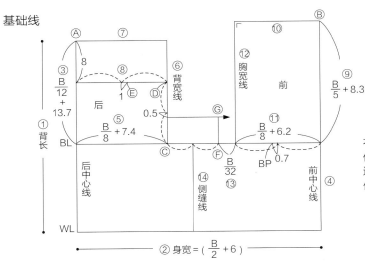

衣身原型从基础线开始绘制。准确地计算出各部位的尺寸，按照①—⑭的顺序依次绘制。若按照这个顺序作图，上页一览表中的数据也从左往右依次读取。

轮廓线

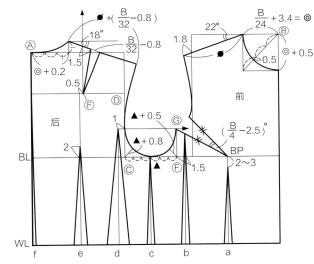

完成基础线后，依次画出领口、肩线、袖窿的轮廓线，最后画上省道。

转移省时的注意事项

以ⓐ为基点，合上腰省后袖窿处就会打开，但因为量很小，可以被作为袖窿的松量。另外，在作图需要时可将原型的腰省标记出来，在不需要时可以省略。

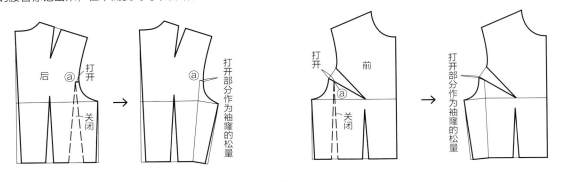

中道友子魔法裁剪

第一部分
灵感启发：创意造型

服装设计的灵感无处不在，

街上的建筑物、自然界的花草树木、每天使用的工具，

甚至某人的面孔。

把想法变成服装，

必须掌握打版技术，

但这并不难，

答案也并非只有一个，

去用自己找到的方法快乐地做衣服吧。

有凸起的衬衫 详见第 24 页

四周抽褶挖空造型 详见第 26 页

四周抽褶挖空造型 　详见第 29 页

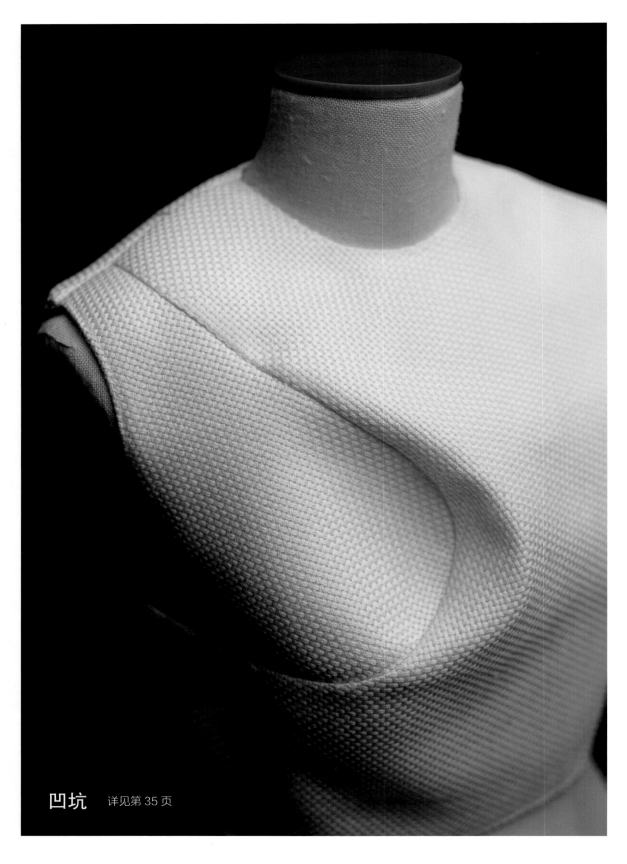

凹坑　详见第 35 页

凹坑袖

详见第 36 页

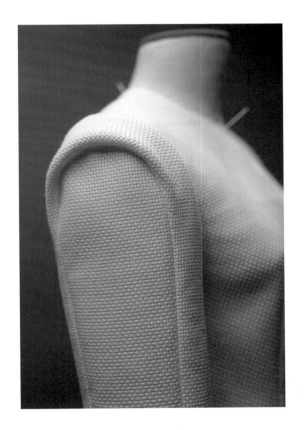

洞口有抽褶的衣袖

详见第 32 页

凹穴　详见第 39 页

凹穴　　详见第 43 页

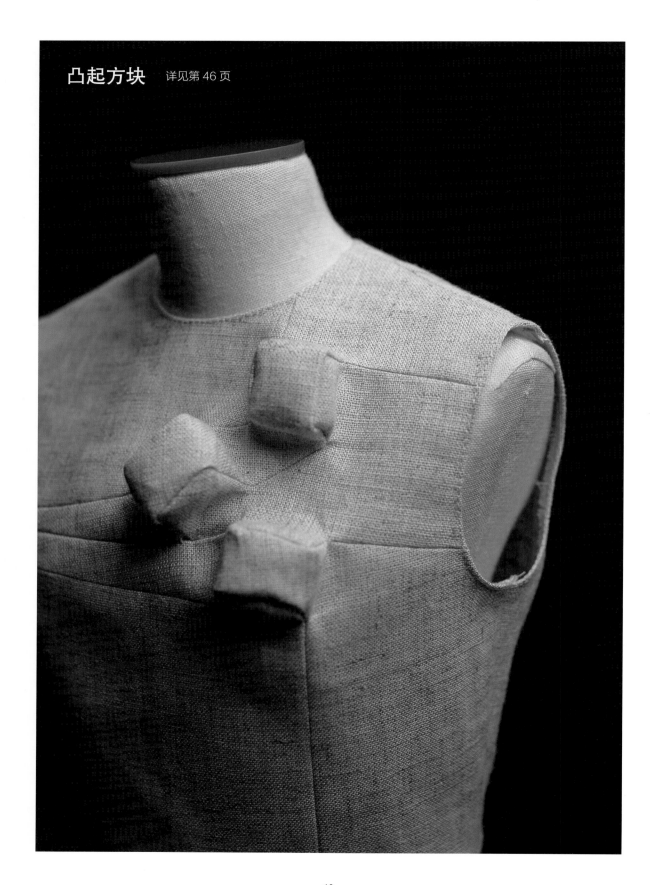

凸起方块 详见第46页

中道友子魔法裁剪

基　础

从使用完美地贴合于人台上的原型开始，

谁都能表现当代服装

前卫的设计、优雅的细节。

首先，试试用圆的分割线代替原型衣身上的省道。

"闭合、剪切、展开"操作是魔法裁剪的全部秘密。

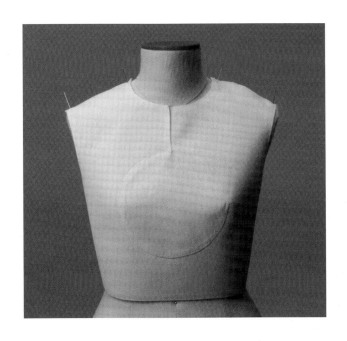

人台原型纸样

文化式原型，前衣身的纸样（参照
6 页和 7 页）

省道闭合的衣身纸样

试试圆的分割线

A 圆经过 BP 点时

将圆剪切并展开，可得到与原型轮廓相同的纸样。

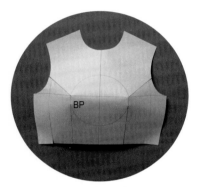 

圆经过 BP 点

圆形分割线的纸样

B 圆在 BP 点外侧时

即使将圆剪切并展开，圆内侧也放不平，得不到可用纸样。

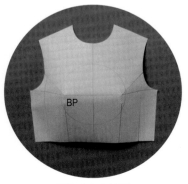 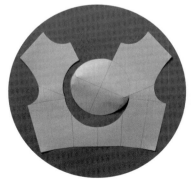 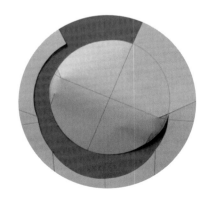

圆在 BP 点外侧

即使将圆剪切并展开，也放不平。

为了制作纸样

将省尖缩短到圆周边上可以展平得到纸样，但廓形却与之前不一样了。

 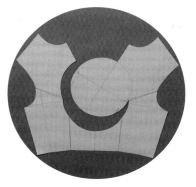 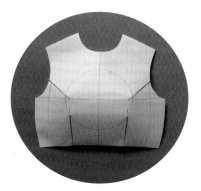

省尖缩短到圆周位置   关闭省道，剪切、展开   胸部的合体感减弱了，廓形略有变化

为了得到相同的廓形，考虑用下面三种方法

每一种都是将圆内侧剩余的省道进行处理

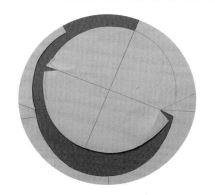 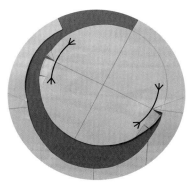 

1. 加入省道
（2个省道合并成1个省道）

2. 缝缩

3. 压平

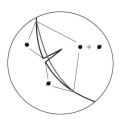

"压平"是指将放不平的隆起处压平。相当于将角削平的状态，纸样就像图示那样用光滑的弧线画圆顺。不合理处是廓形略有改变。

运用不同的方法，其立体效果会有所区别，或圆顺、或尖锐。
左图是采用压平方法处理后的立体效果。

作为拓展设计，试试在原型上加入复杂的分割线

与前面的圆一样，用纸在人台上操作很方便，可自由地画线，不要忘记设置开口位置。

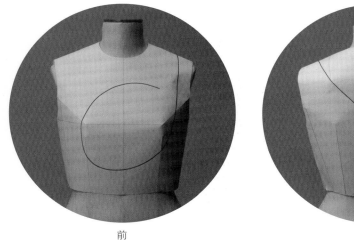

前

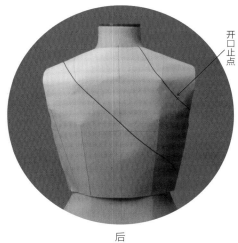

开口止点

后

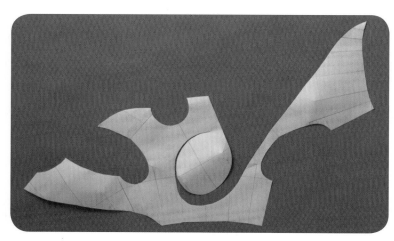

沿着线剪开。

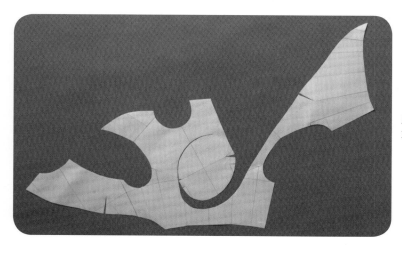

展不平的地方可以收省、缝缩或压平，或者几种方法并用，将其展平。

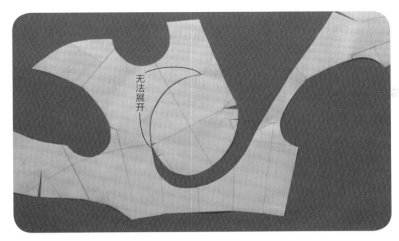

尽管展平了，但因为缝份量不够，弧线开始处没法打开。

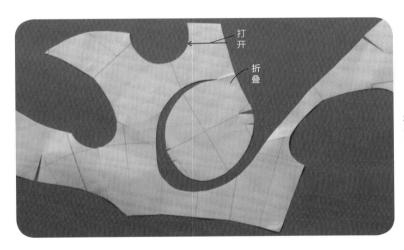

在分割线止点处将纸样折叠，缝份量就有了。在肩附近切展以转移折叠量。

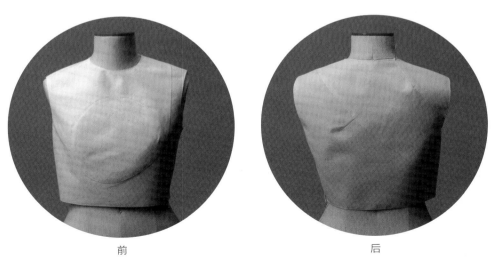

前　　　　　　　　　　　　后

有时，虽然对纸样进行了细致测量，还是会有几毫米出入，这对于柔软的面料来说根本不算错。

本例中，通过折叠加出了缝份，当然，对设计略作改变使得分割线止点落在可以缝合的位置也是可以的。此外，曲线分割纸样时布易移动，实际裁布时，有时尺寸也需做必要的调整。在满足整体平衡的情况下，可自由选择多种方法。

中道友子魔法裁剪

纸样制作

想要充分熟练地进行立裁，

可以使用 1/2 人台，

以便于理解整体造型，

从而将其拆解，在原型基础上进行创作，

制作纸样就像解谜语一样有趣。

凸起

此款有像乌龟一样，从背部中间竖起来的凸起物。

由于人体凹凸不平，

竖起来的凸起物的运用不止局限于背部。

凸起物也可设置胸部或其他部位，

会显示为尖锐的设计线。

本节展示了两款相关设计。

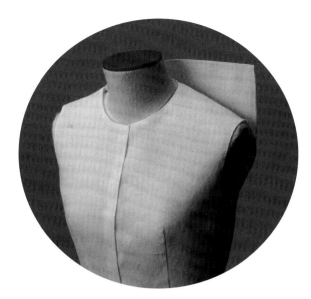

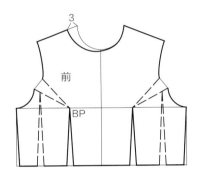

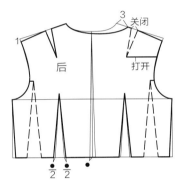

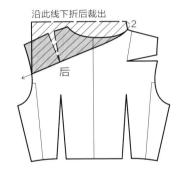

① 因竖起来的凸出部分装在右领窝，只在右领窝将横开领开大。

② 为了使人看得出从肩胛骨弧度的结束处出现凸起物，在纸样上的肩省省尖开始画凸起。
为使凸起物被人清晰地看见，将右肩省移到袖隆。

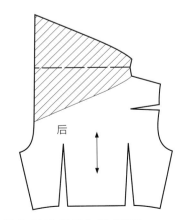

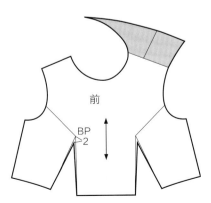

③ 将凸起物沿虚线对称并裁切。

④ 为使肩缝像无肩缝一样看不见，将左肩省关闭，裁切后和前衣身连在一起。

第 9 页：有凸起的衬衣

这款衬衣利用胸部的隆起，设计了从胸部延伸出来的凸起物。胸部的尖锐凸起物使这件高品质棉衬衣很有特色，令人联想到狩猎风。

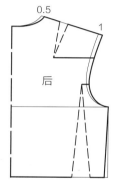

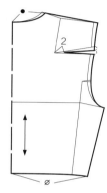

❶ 虽不贴合身体，但也是漂亮的衬衣。将肩省转移到袖隆处的量分成二等分，1/2 为省道，另外 1/2 在袖隆处分散，因省道量小，省道长度也会缩短。

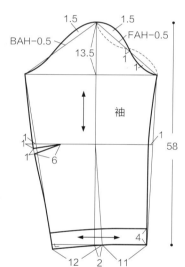

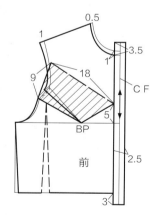

❷ 画凸起物。将胸省分成三等分，1/3 在袖隆处分散，2/3 留下作为胸省，缝合。

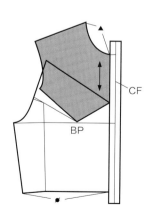

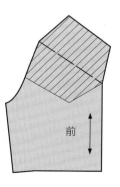

❸ 凸起物沿对折线对称后裁剪。

挖洞，并在洞周围设计抽褶，但不改变
服装的廓形，可得到有趣的效果。

抽褶方向垂直于洞口边缘线。因此，当
洞为圆时，抽褶会形成放射状的形态。遵循
这样的法则去思考和设计。

第 10 页：洞口有抽褶的连衣裙

　　该连衣裙上无省道、无分割线，廓形合体，有挖洞，并在洞口设计抽褶。

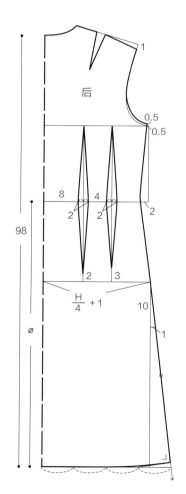

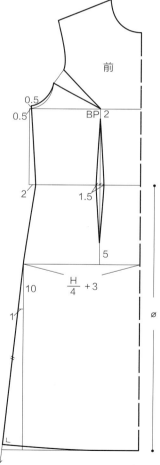

❶ 合体廓形的连衣裙制图。

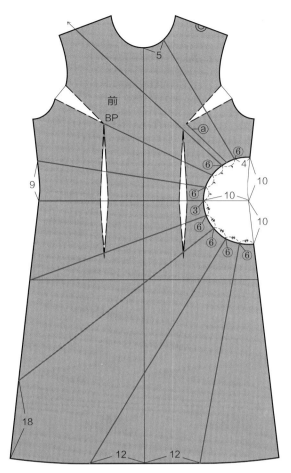

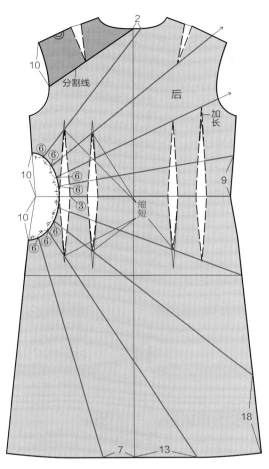

❷ 因为造型不对称，所以将左右衣身同时画出，在欲挖洞处画出洞口，并在确保平衡的状态下放射状地画出展开线。因为不能确保展开线经过省尖，所以省道可加长，也可缩短，根据需要进行调节。

如像左前衣身的胸省那样离展开线较远时，在ⓐ处另加一条展开线的方法也可以。

画出后左肩放射状的展开线，与前衣身相应的位置点对准。

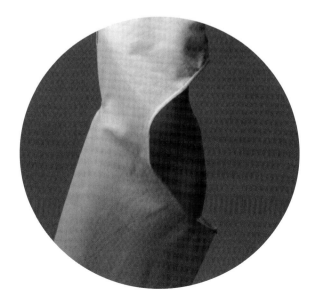

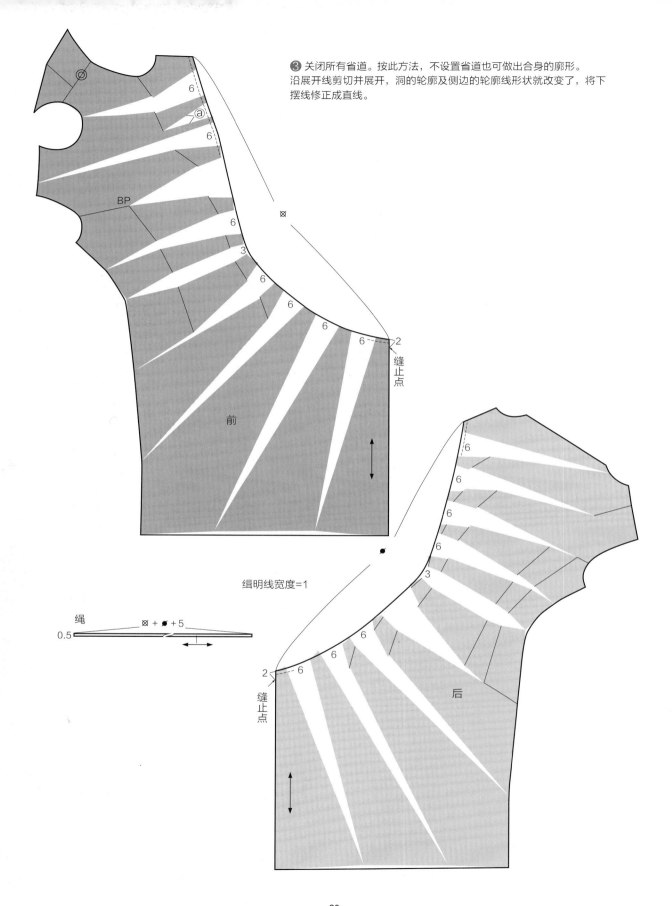

❸ 关闭所有省道。按此方法，不设置省道也可做出合身的廓形。
沿展开线剪切并展开，洞的轮廓及侧边的轮廓线形状就改变了，将下
摆线修正成直线。

6
ⓐ
6

BP

6

3

6

6

6

6 2
缝止点

前

缉明线宽度=1

绳
⊠ + ◗ +5
0.5

6

6

6

3

6

6

6

后

2 6
缝止点

第 11 页：洞口有抽褶的连衣裙

　　这是一款采用分割线设计的、合体的连衣裙，采用稍有硬度的面料制作，设计的抽褶是从洞口开始的。

　　用特制的棉织物制作。可搭配休闲服装穿着，如牛仔裤。

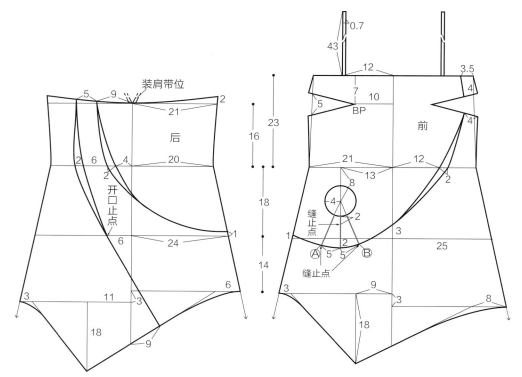

① 在右前衣身的腹围附近设计一个带抽褶的小洞。
抽褶的一部分安装了荷叶边，使设计看上去别有韵味。
制作荷叶边要确定缝止点，然后下边不缝合，使布片远离衣身，便成了荷叶边。
利用弧线形的斜向分割线，将腰部做合体。

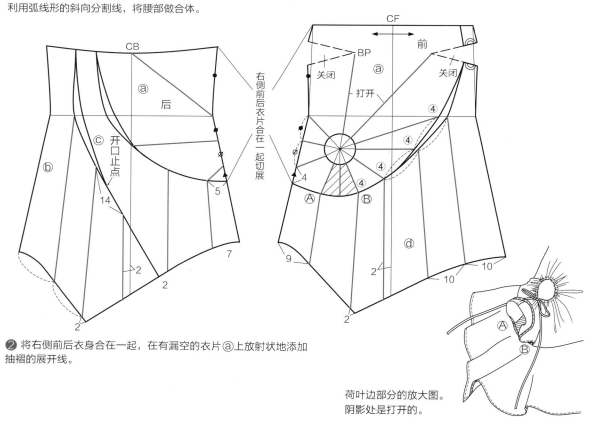

② 将右侧前后衣身合在一起，在有漏空的衣片ⓐ上放射状地添加
抽褶的展开线。

荷叶边部分的放大图。
阴影处是打开的。

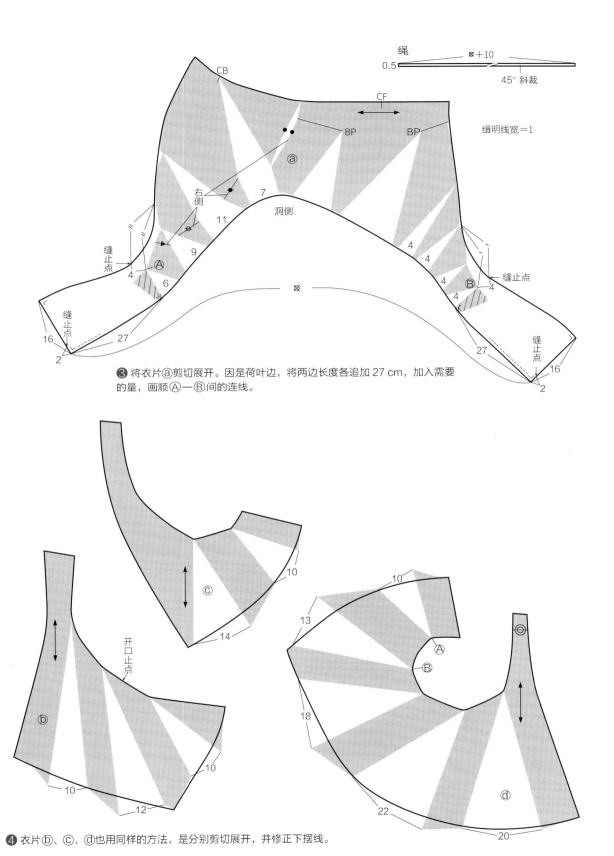

绳
☒＋10
0.5
45°斜裁

缉明线宽＝1

CB

CF

BP

BP

ⓐ

右侧

7

11

洞侧

缝止点

9

4

②

4

6

4

4

缝止点

4

☒

缝止点

16

27

2

27

缝止点

16

2

❸ 将衣片ⓐ剪切展开。因是荷叶边，将两边长度各追加 27 cm，加入需要的量，画顺Ⓐ—Ⓑ间的连线。

ⓒ

10

14

10

Ⓐ

13

Ⓑ

◎

开口止点

18

ⓑ

22

10

ⓓ

10

12

20

❹ 衣片ⓑ、ⓒ、ⓓ也用同样的方法，是分别剪切展开，并修正下摆线。

第 13 页：洞口有抽褶的衣袖

这是一款袖身中下部分贴合手臂的衣袖，仅袖子上部增加了量感的设计。

通过想象袖子完成后的廓形，来思考纸样上多大的膨起量合适。

然后，绘制纸样，画出如设计图上的高度。

此外，需要根据所选择的面料来确定展开的量，不同面料的展开量差异很大。

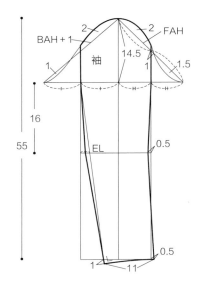

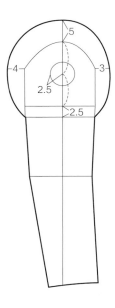

❶ 测量衣身袖窿弧长，画出袖子纸样。

❷ 从侧面观察袖子，画出袖山廓形的净样（廓形净样是平面的完成状态）。

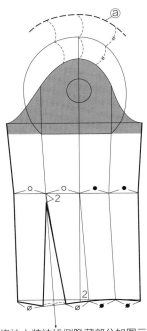

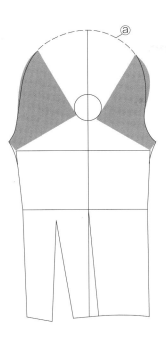

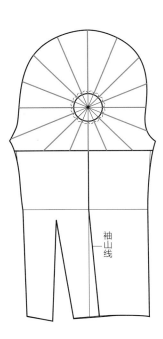

❸ 将袖山装袖线侧隐藏部分如图示那样等量加出（ⓐ）。袖底缝也画出。

❹ 将袖山部分切展到与ⓐ线相交，然后连顺袖山弧线。

❺ 从洞口中心放射状地添加剪切线。

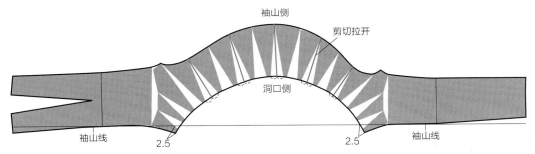

袖山侧

剪切拉开

洞口侧

袖山线　2.5　　　　2.5　袖山线

❻ 保持袖山的安装状态，将袖山线展开展平，呈水平状。
展开量可据喜好来定，根据面料丝缕的情况以及连裁等因素，将其展成水平状。

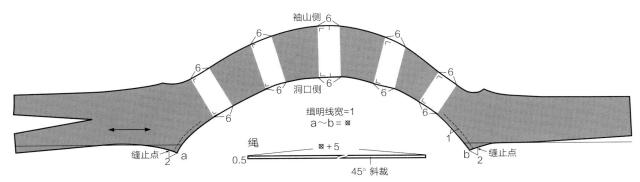

袖山侧

6

洞口侧

缉明线宽＝1
a～b＝⊠

绳

⊠＋5

0.5

45°斜裁

缝止点　2　a

b　2　缝止点

1

❼ 抽褶量还不够，因此需要再进行水平展切。
展开的量根据面料不同而变化。

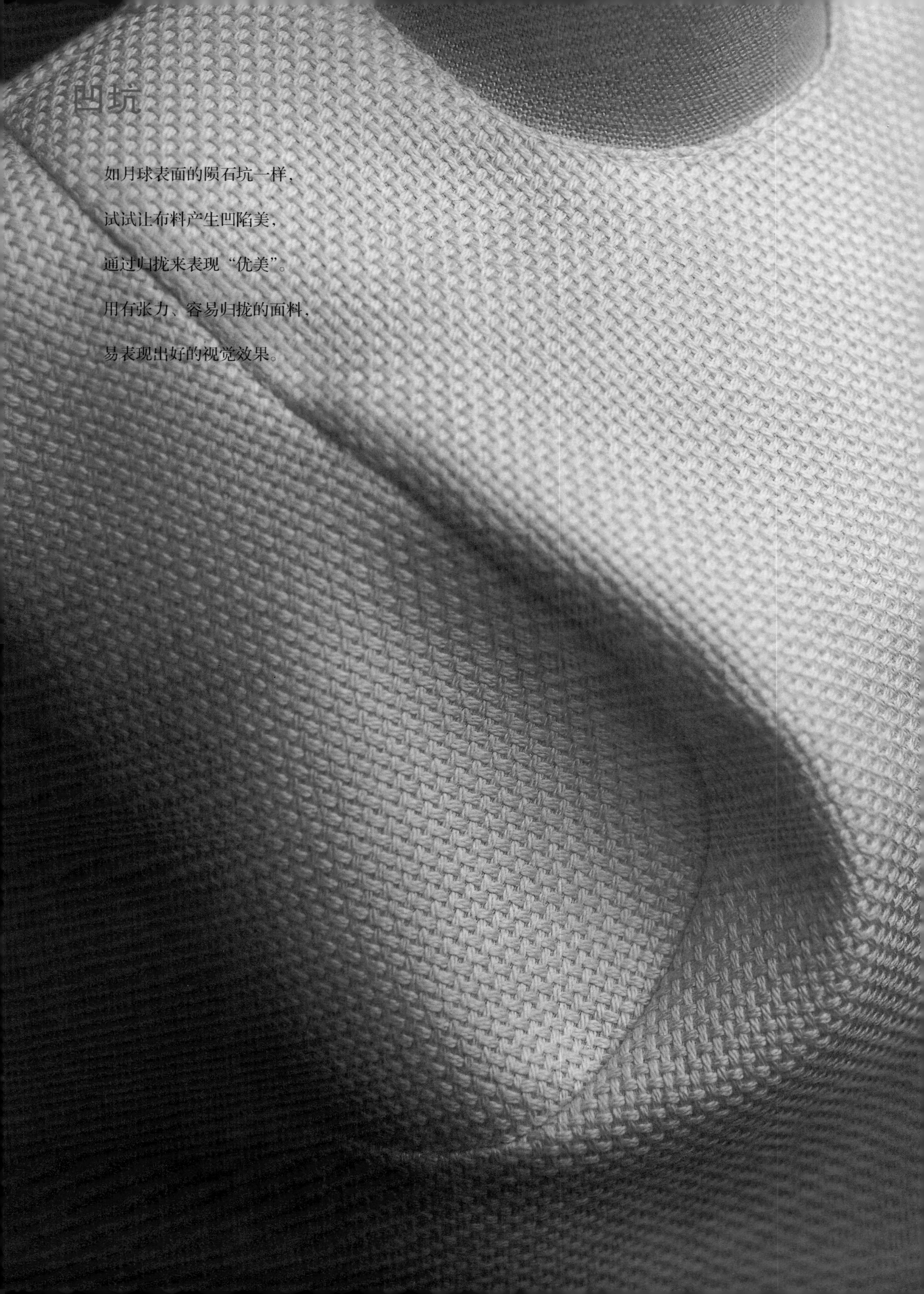

凹坑

如月球表面的陨石坑一样，

试试让布料产生凹陷美，

通过归拢来表现"优美"。

用有张力、容易归拢的面料，

易表现出好的视觉效果。

第 12 页：浅凹坑的顶

表现面料柔软动感的优雅的凹坑顶。仅这个就有压倒性的存在感。

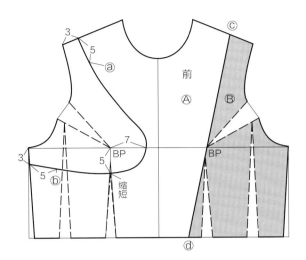

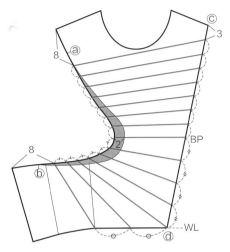

❶ 添加"浅凹坑"的设计线，确定缝缩止点的位置ⓐ、ⓑ。线段ⓒ—ⓓ是浅凹坑的膨起状的开始处，将省尖延长到此线。

❷ 在胸围线（BL）上追加 2 cm，作为浅凹坑的厚度量，如图示添加辅助线。

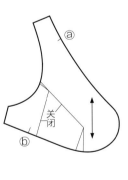

❸ 将部分省道关闭，右衣身浅凹坑的底就形成了。

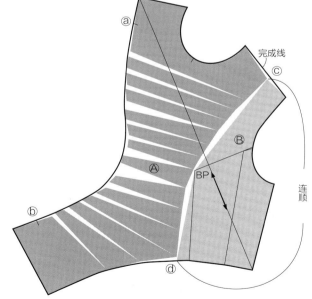

❹ 将衣片Ⓐ沿着ⓒ—BP—ⓓ随着衣片Ⓑ省道的关闭依次切展。将衣片Ⓐ和Ⓑ如图所示拼合在一起，成为一个衣片。左右衣身ⓐ到ⓑ之间的长度差作为缝缩量。为便于将缝缩量缝缩进去，面料采用45°斜裁。

第 13 页：浅凹坑的袖

这是一款袖山布被卷进去，具有建筑风的漂亮衣袖。

在简单的西装、大衣款式上设计此类衣袖会很有趣。

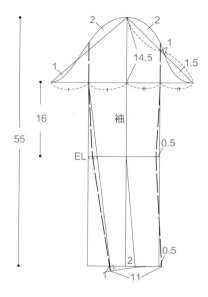

① 基础袖制图。画出袖山的形状，前后袖肥分别二等分，与袖口相连。为做成适应人体手臂的自然弯曲状，在 EL 线上画出轻微向外的弧形。

② 沿对折线对称展开，制作一片袖。

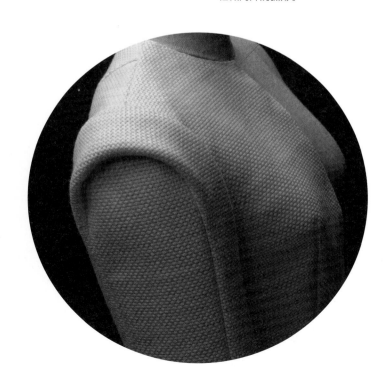

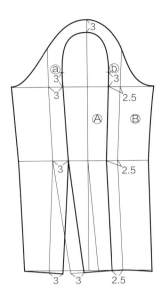

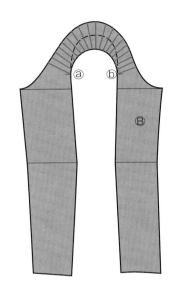

❸ 将对折线往内侧移动，画出"浅凹坑"的分割线，将袖子分成Ⓐ和Ⓑ两片。标出缝缩止点ⓐ和ⓑ。因分割线间距离较窄，手臂看上去较瘦。

❹ 在衣片Ⓑ的ⓐ—ⓑ间追加出"浅凹坑"的厚度3 cm。

❺ 在衣片Ⓑ的ⓐ—ⓑ间添加放射状的展开线。

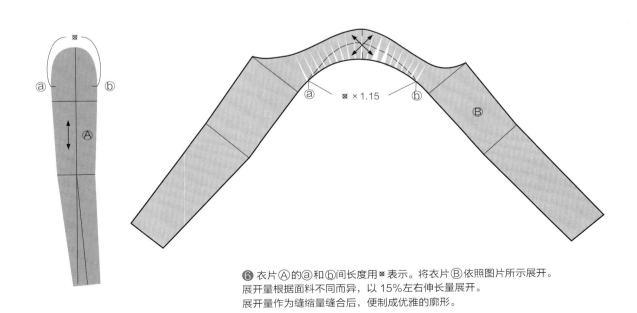

❻ 衣片Ⓐ的ⓐ和ⓑ间长度用⊠表示。将衣片Ⓑ依照图片所示展开。
展开量根据面料不同而异，以15%左右伸长量展开。
展开量作为缝缩量缝合后，便制成优雅的廓形。

凹穴

思考着将两个洞贯通，便形成一个凹穴。

从正上方观察似蚂蚁洞穴。

会被吸进去的感觉，很有趣。

由于这种结构很复杂，

可以在纸上从喜欢的组合开始。

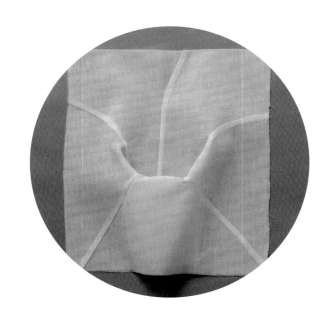

试试组合凹穴

❶ 按所需尺寸在基底纸上开一个洞。

❷ 做一个筒，装入开好的洞中。筒的角度、长度根据喜好来决定。

❸ 将超出基底纸上的部分剪掉。

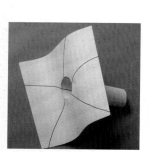

❹ 添加分割线。

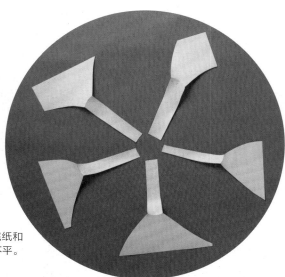

❺ 沿分割线剪开。因基底纸和筒的边界是弧线，所以放不平。

❻ 将放不平的部分往两边折叠，修正弧线。根据追加的量不同，洞口或圆润或呈角状，呈现出不同的效果。

凹穴在裙子上的应用技巧如下：

用白坯布组合来得到基础的凹穴纸样。

在基础裙的廓形上，用有一定量感的面料可以更好地体现凹穴的立体感。这里用有张力感的面料来制作。

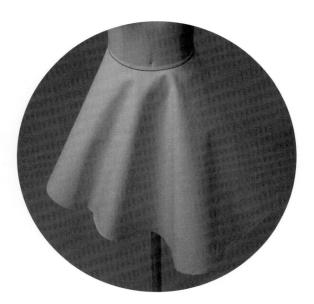

❶ 用白坯布做出底裙。
裙子制图介绍如下，也可根据喜欢的外形制图。

❷ 同 38 页在纸上的做法一样，在基底布上套上筒，做凹穴。

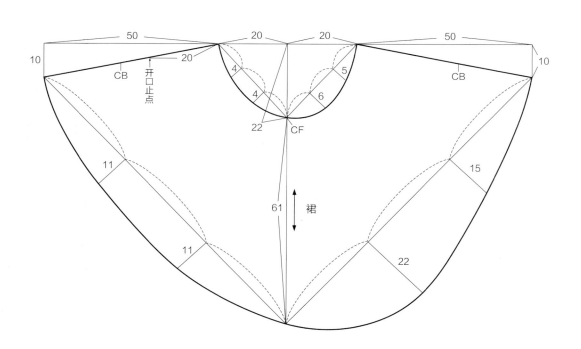

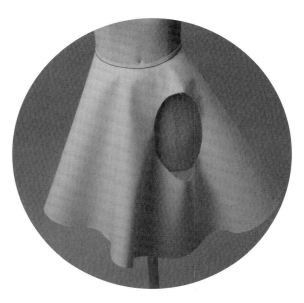

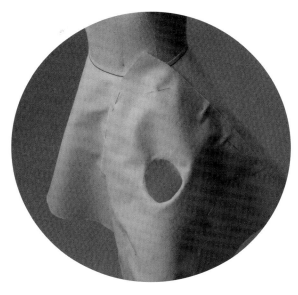

③ 在裙子欲做凹穴的位置上开洞。
洞的大小比筒大，且比基底布上的洞小一点才合适。

④ 将凹穴放入裙子上的洞中，做出喜欢的造型。

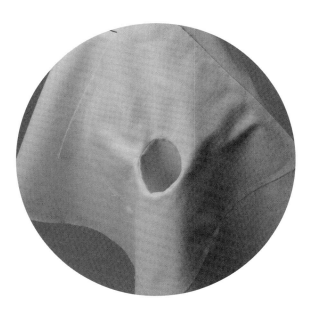

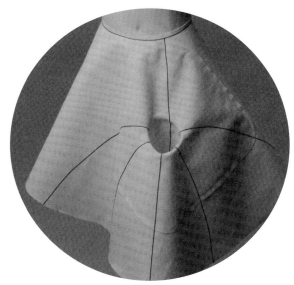

⑤ 将用大头针固定的基底布换成用车缝固定。

⑥ 边思考洞的表达效果，边添加分割线。

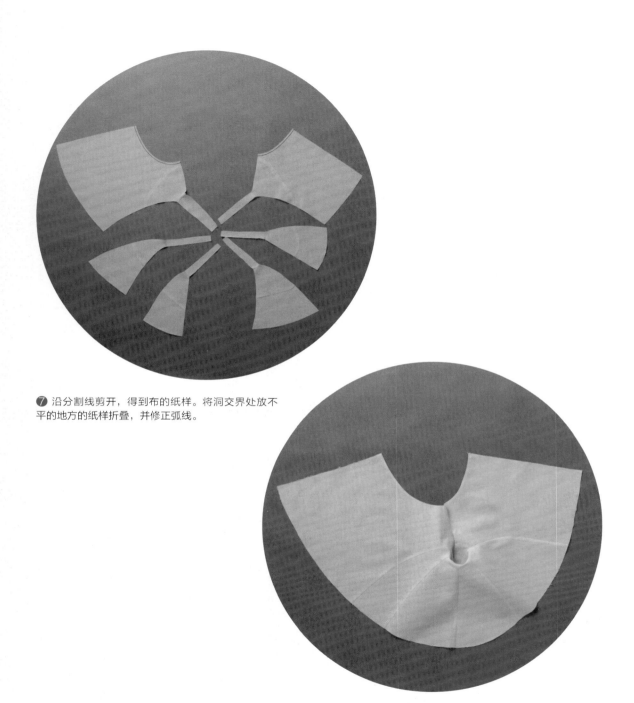

❼ 沿分割线剪开，得到布的纸样。将洞交界处放不平的地方的纸样折叠，并修正弧线。

❽ 熨烫拉伸后缝合折叠的部分，可以得到圆顺的弧线造型。

第 15 页：凹穴连衣裙

　　这是一款开了两个凹穴的连衣裙。

　　若下面两个凹穴贯通，就变成通道（管道）了。

　　尽管是复杂的纸样，但可参考基本的凹穴做法，挑战一下！此款设计有个性，在此选择单色且易缝缩或拉伸的粗羊毛面料制作。

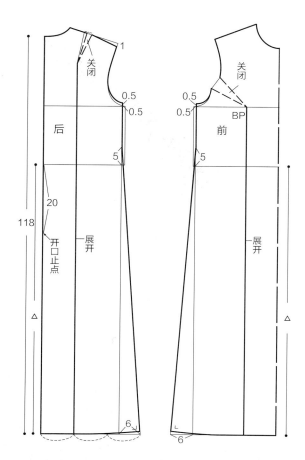

① 用原型画出轮廓，关闭省道，将其转移到下摆。
这是没有省道也没有设计分割线的简单基础连衣裙。

② 在喜欢的位置上确定两个洞，按制作裙子纸样的程序，
用白坯布制作样衣。

凸起方块

　　试试将凸起的装饰从衣服上取下，并将其展平研究。

　　只将立体方块装在基布上就很有趣，如果有分割线的话，线的起伏会使其看上去更具有生命力和活力。

试试在纸上做凸起方块的纸样

❶ 按喜欢的尺寸用纸做一个立体方块。

❷ 将立体方块装到基底纸上，将纸当作服装去思考。

❸ 挖去基底重合部分。从正面看是凸的，从反面看是凹的。

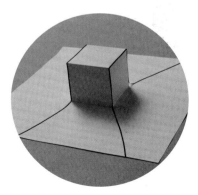

❹ 根据喜好添加分割线。分割线经过立体块的顶点时，较容易展开成纸样。

❺ 沿分割线剪切、展开。

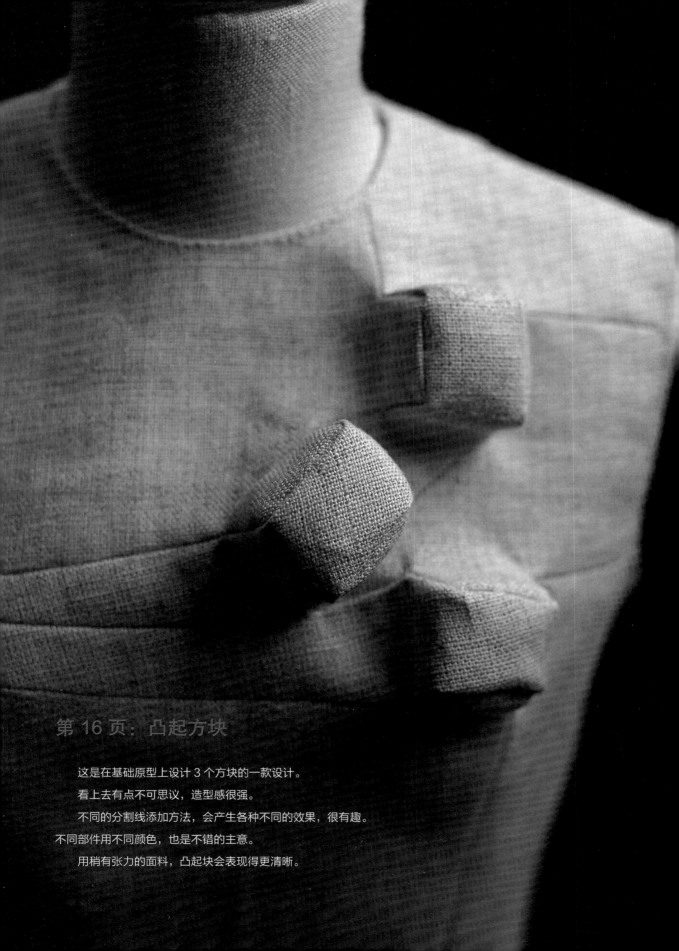

第 16 页：凸起方块

这是在基础原型上设计 3 个方块的一款设计。

看上去有点不可思议，造型感很强。

不同的分割线添加方法，会产生各种不同的效果，很有趣。

不同部件用不同颜色，也是不错的主意。

用稍有张力的面料，凸起块会表现得更清晰。

用纸做立体方块并将其展平成平面纸样的试验

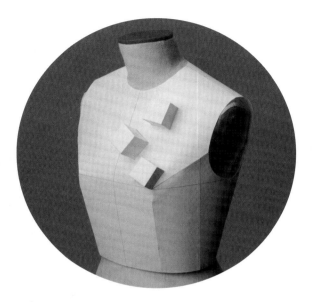

❶ 在用纸做的原型衣上，按不同高度装上立体方块。

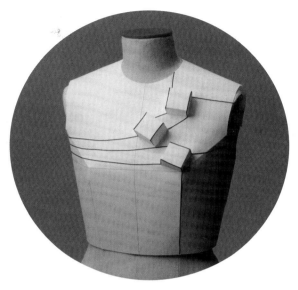

❷ 边将立方体连起来，边自由地设计分割线。

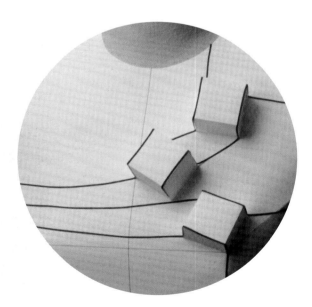

❸ 沿分割线切展，得到纸样。
若分割线没有通过立方体的顶点，则无法将纸样展平，通过
基本的设置省道、缝缩、压平的方法，将其变成平面纸样。

第二部分
高级定制服装中的创意纸样

学生时代黑板上的纸样

令人费解，

我便尝试用纸制作。

我在平面上绘制纸样，添加辅助线

进行切展，即可得到纸样，

跟预先设想的造型一样。

这给予我极大的满足感，

但从逻辑上讲，

其理论具有不确定性。

若能边玩纸样，

边自然地理解其成立的原理，

可用于定制服装的创意纸样制作通道就被打开了。

缠绕 详见第 62 页

扭曲　详见第 67 页

"捉迷藏"裙　详见第 73 页

布编织　　详见第 78 页

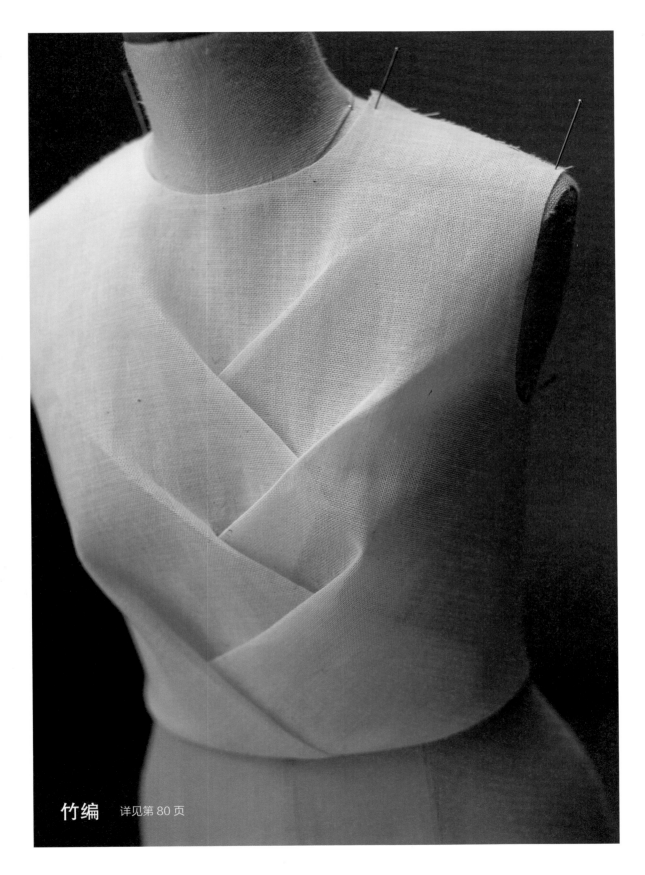

竹编 详见第 80 页

蝴蝶结连衣裙
详见第 83 页

蝴蝶结 A　详见第 84 页

蝴蝶结 B　详见第 84 页

蝴蝶结 C　详见第 86 页

蝴蝶结 D　详见第 88 页

"双重表情"领

详见第 90 页

不可思议的弧线

详见第 92 页

中道友子魔法裁剪

纸样制作

服装可表现自我。

做自己想做的衣服，

是时代的创新。

可在人台上尝试，

想知道是否成立，可将得到的纸样进行组合。

在各种各样的试验过程中，不是去复制，而是去创造新的

设计。

这可否称为魔法裁剪呢？

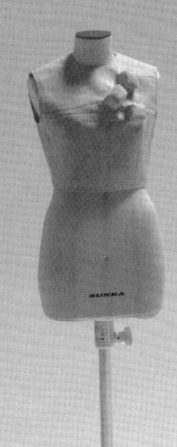

缠绕

光和影的结合创造出优雅的对比。

表现各式的缠绕，

通过可用大头针固定的立裁来实现。

谁都能容易地将其展开成平面纸样，尝试一下吧。

在原型上，试试加入左右交叉的旋涡状的缠绕。

制作基本纸样

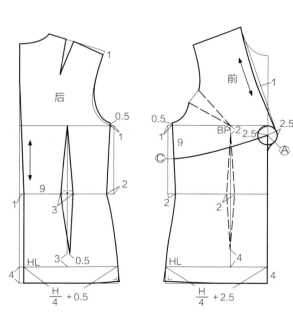

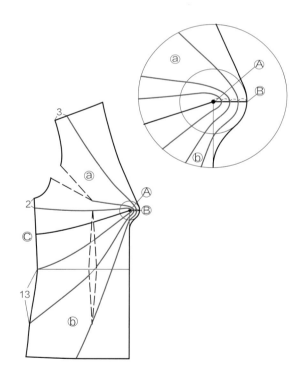

❶ 为使腰部合体，加入腰省。
前衣身的省道，在缠绕的褶切展时就被闭合消失了。
需考虑缠绕中心处布的厚度，作图时用圆表示出来。
Ⓐ和Ⓒ相连的线是做洞所需的分割线。

❷ 将半径Ⓐ—Ⓑ 4 等分，加入分割线。
Ⓑ—Ⓒ的线将衣身分成了上下（ⓐ和ⓑ）两片。

不拧转的缠绕

将左右衣身在洞中交叉缠绕。

圆大，会得到圆润的缠绕效果；相反，圆小，会得到比较尖的缠绕效果。

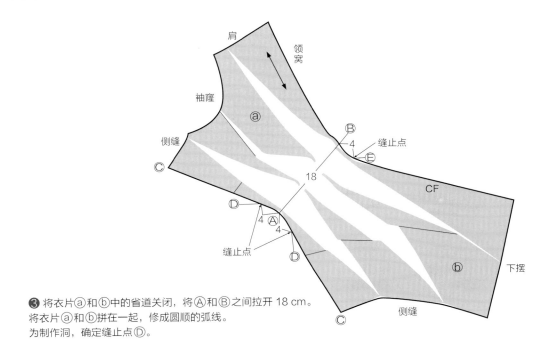

❸ 将衣片ⓐ和ⓑ中的省道关闭，将Ⓐ和Ⓑ之间拉开 18 cm。
将衣片ⓐ和ⓑ拼在一起，修成圆顺的弧线。
为制作洞，确定缝止点Ⓓ。

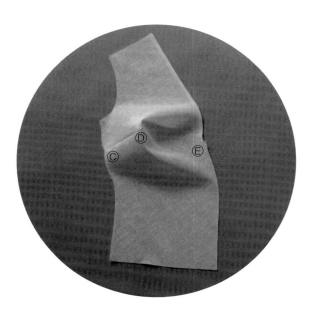

❹ 将同一片中的Ⓒ一Ⓓ缝合。

❺ 在留出的洞中塞入另一片，将Ⓒ一Ⓓ缝合。
前中心从Ⓔ点开始，一直缝到下摆。

拧转的缠绕

让左右衣身交叉，与不拧转的情况操作相同，

但拧转使织物保持在适当的位置，缠绕后的布边效果会整齐。

同时，布的反面会被转到正面显现出来。

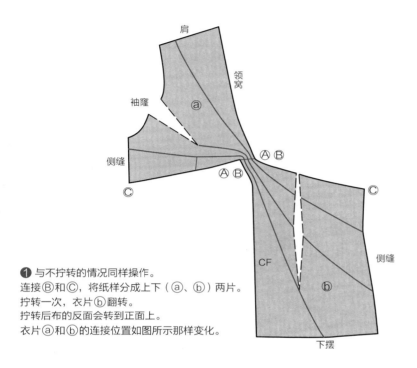

❶ 与不拧转的情况同样操作。
连接Ⓑ和Ⓒ，将纸样分成上下（ⓐ、ⓑ）两片。
拧转一次，衣片ⓑ翻转。
拧转后布的反面会转到正面上。
衣片ⓐ和ⓑ的连接位置如图所示那样变化。

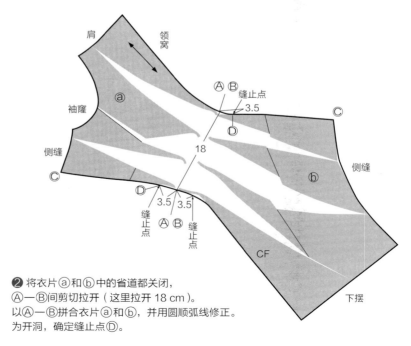

❷ 将衣片ⓐ和ⓑ中的省道都关闭，
Ⓐ—Ⓑ间剪切拉开（这里拉开 18 cm）。
以Ⓐ—Ⓑ拼合衣片ⓐ和ⓑ，并用圆顺弧线修正。
为开洞，确定缝止点Ⓓ。

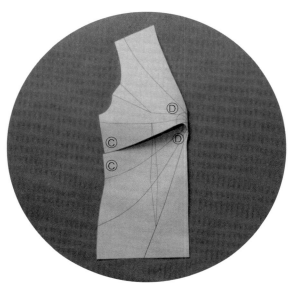

③ 纸样拧转后的状态。

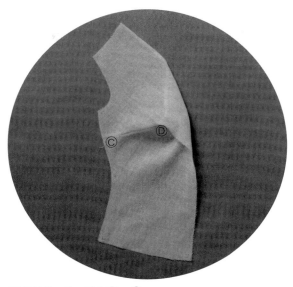

④ 先拧转一片，缝合ⓒ—ⓓ。

⑤ 再将另一片从洞中塞进，拧转。

⑥ 将另一片的ⓒ—ⓓ缝合。从前中心缝止点开始缝到下摆。洞要容纳布的厚度，先稍大一点，组合后再调整洞的大小。

第 49 页：缠绕连衣裙

这是一款适合正式场合穿着的连衣裙。
胸部的缠绕细节采用柔软的布制作，
没有使用拧转的技术，
从而最大限度地体现了面料柔软蓬松的特点。

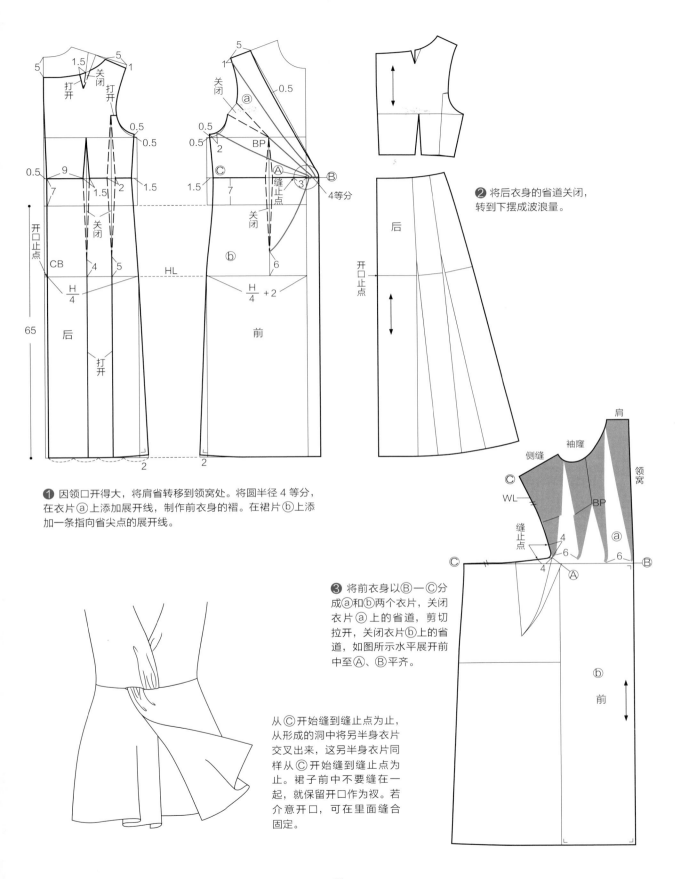

① 因领口开得大，将肩省转移到领窝处。将圆半径 4 等分，在衣片ⓐ上添加展开线，制作前衣身的褶。在裙片ⓑ上添加一条指向省尖点的展开线。

② 将后衣身的省道关闭，转到下摆成波浪量。

③ 将前衣身以Ⓑ—Ⓒ分成ⓐ和ⓑ两个衣片，关闭衣片ⓐ上的省道，剪切拉开，关闭衣片ⓑ上的省道，如图所示水平展开前中至Ⓐ、Ⓑ平齐。

从Ⓒ开始缝到缝止点为止，从形成的洞中将另半身衣片交叉出来，这另半身衣片同样从Ⓒ开始缝到缝止点为止。裙子前中不要缝在一起，就保留开口作为衩。若介意开口，可在里面缝合固定。

扭曲

将布扭曲，会怎样呢？

布会变窄，也会变短。

那么，纸样该怎么做呢？

随着左右衣身的纸样的改变，穿着状态也变了，

也会产生皱褶，但跟普通的褶是有区别的，

这里的纸样，使布像螺旋一样一圈又一圈地扭曲。

- 当扭曲尺寸 a，尺寸会变短•。但是实际上布如右图所示那样，因此尺寸变得更短。
- 因布扭曲了，臀围的松量小了，会紧贴人体。因此，特别推荐橡皮筋、腰带等的设计以保持下摆形状。
- 因腰部扭曲后会变细，所以不要拧过头。
- "扭曲"不是布的自然形态，用伸缩性强的面料制作会更容易。

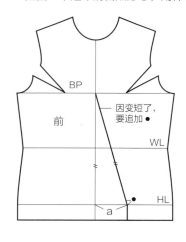

基本的衣身

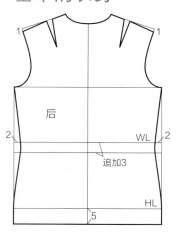

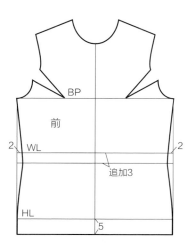

因扭曲后长度变短，需追加 3 cm。腰部稍作拧转。

3 种扭曲纸样

　　因在领窝、袖窿处进行扭曲，形状变化复杂，
这里仅以腰部周围扭曲进行试验。

水平扭曲

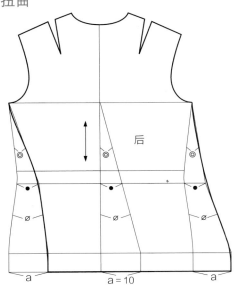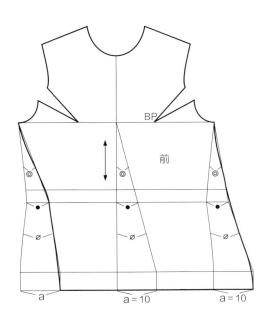

❶ 与扭曲的褶方向相反，中心线移动 a 尺寸。
❷ 如图所示，两侧均水平地移动（这里移动 10 cm）。
❸ 将侧缝上袖窿处的角及腰部、臀部附近平滑地连顺。

垂直扭曲

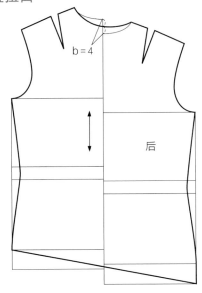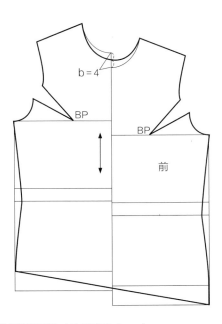

❶ 前后中心处与扭曲的褶方向相反，上下反向移动尺寸 b，进行纸样操作（这里移动 4 cm）。
❷ 修顺领窝和下摆线。

水平、垂直地扭曲

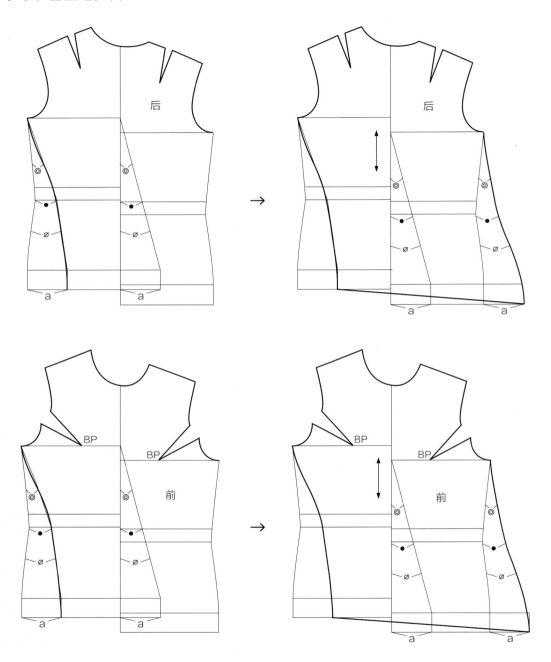

因一次性地水平、垂直操作很难，这里使用垂直扭曲操作后的纸样，在此基础上进行水平扭曲操作。
使用下摆修正前的垂直扭曲的纸样操作，较容易。最后再修正下摆线。

"水平垂直的扭曲"的纸样制作的
套头衫布的移动清晰明了

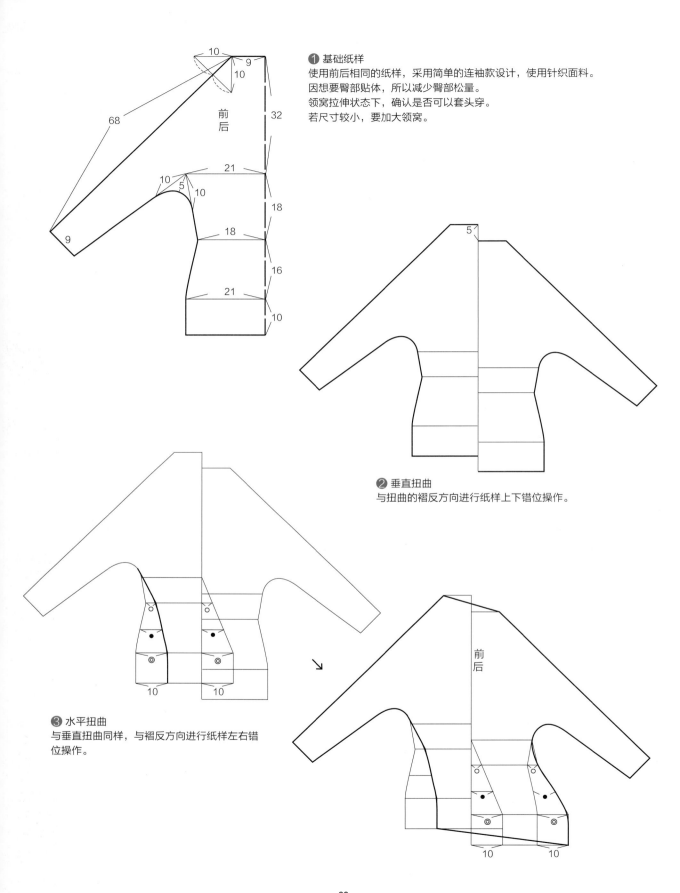

① 基础纸样
使用前后相同的纸样，采用简单的连袖款设计，使用针织面料。
因想要臀部贴体，所以减少臀部松量。
领窝拉伸状态下，确认是否可以套头穿。
若尺寸较小，要加大领窝。

② 垂直扭曲
与扭曲的褶反方向进行纸样上下错位操作。

③ 水平扭曲
与垂直扭曲同样，与褶反方向进行纸样左右错
位操作。

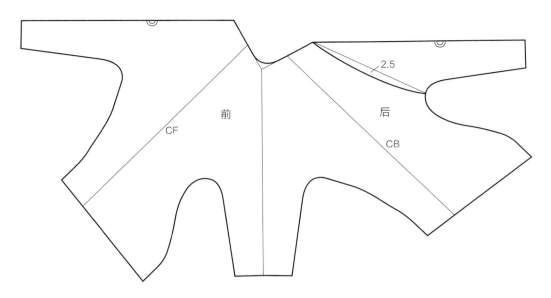

❹ 为使从肩到袖山感觉柔顺，如图所示，将左右袖山对齐后设计。
后衣身上加入的分割线使款式显得更时尚。

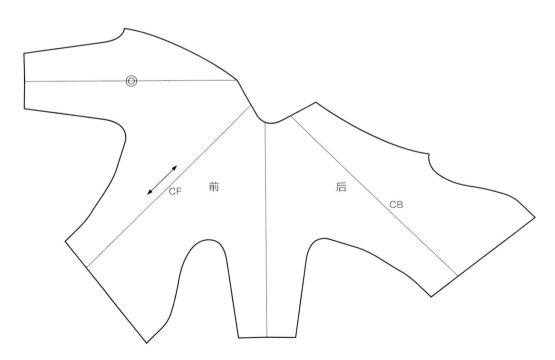

纸样操作效果具有可预见性，因此可获得预期的美观时尚的设计效果。

隐藏的波浪

用纸样剪切展开法来表现，

而不是均匀地展开波浪量，

看不见的内侧隐藏着波浪。

俏皮而美丽，

就像意外的发现，

用平面制图更容易理解。

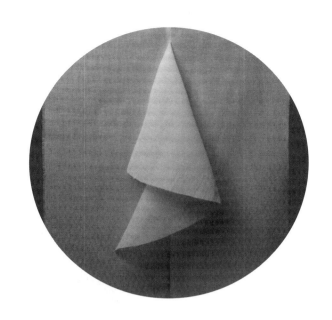

基本的装饰风荷叶边

用在衬衣的胸部等处做装饰，显得华丽。

正面看得见的部分和里面隐藏的部分怎样连接是要点。

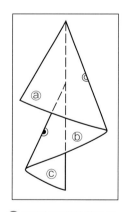

❶ 画出想要做的荷叶边。

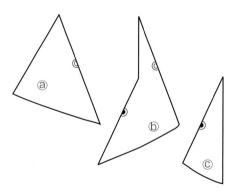

❷ 分别取出各衣片。

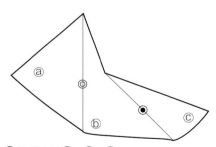

❸ 连接衣片ⓐ、ⓑ、ⓒ。
因衣片ⓑ的反面要露出来，所以将其翻转。

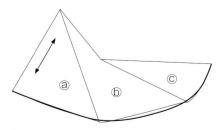

❹ 将荷叶边边缘光滑连顺。

隐藏在曲线中的波浪

波浪是怎样被隐藏的呢?

褶皱和层叠的外观极富层次感,

具有建筑美,令人兴奋。

带着这样的心情,我开始绘制一些复杂的曲线。

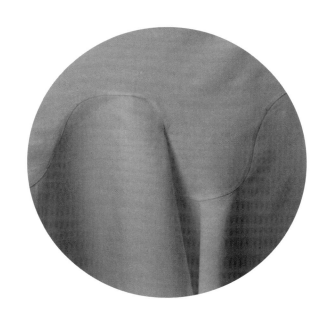

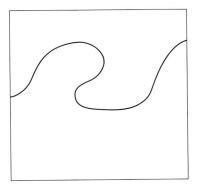

❶ 在基布上画出分割线。

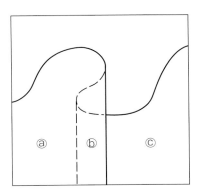

❷ 按最终形成的荷叶边的状态添加线。

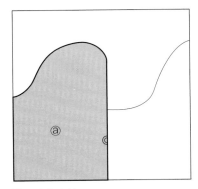

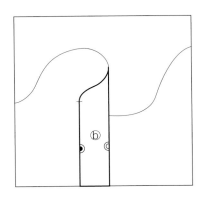

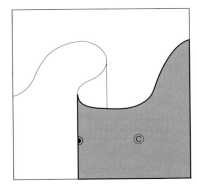

❸ 取出各衣片。

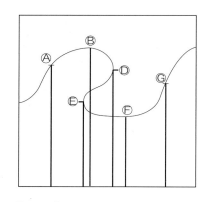 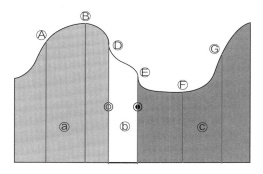

❹ 回到❷的状态，在欲加波浪处标出波浪点（出波浪处）。
从那个点垂直往下加入波浪的展开线。

❺ 将各衣片依次连接好。
注意：衣片ⓑ是从里面露出来的，要将其翻转后连接。

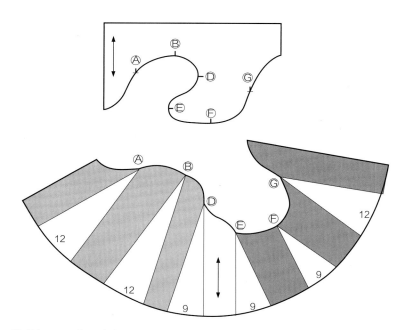

❻ 剪切展开，修正波浪的下摆。

第 51 页："捉迷藏"裙

这是一款在腰围线处有着复杂曲线分割的娃娃式连衣裙。

为表现隐藏的波浪的美感，采用垂感好的羊毛呢面料。

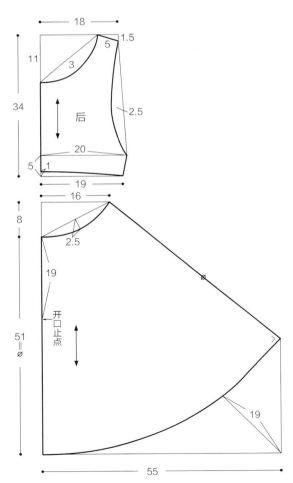

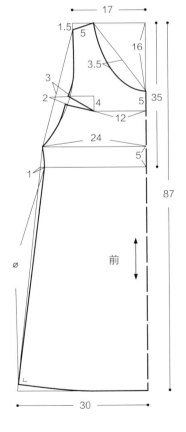

1 裙子的纸样。

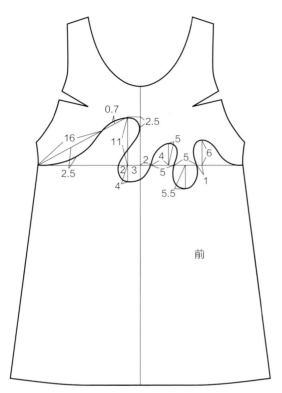

② 在前衣身上添加弧形分割线。
隐藏部分通过目测、观察平衡来考虑。

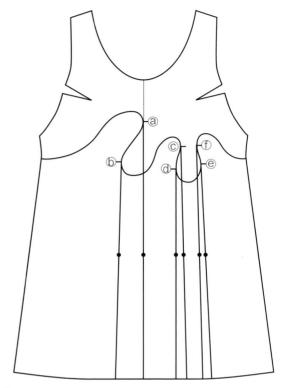

③ 在隐藏部分加上对位记号及剪开线（ • ）。对位记号即之后的波浪点。

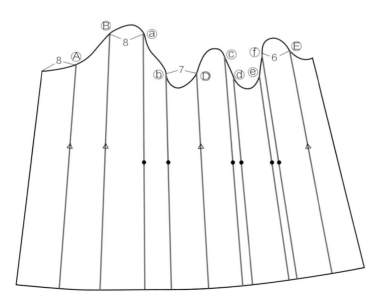

④ 将隐藏部分翻转，使其在正面后连接起来。
另外，根据平衡效果追加Ⓐ到Ⓔ的波浪点，添加波浪分割线（△记号）。

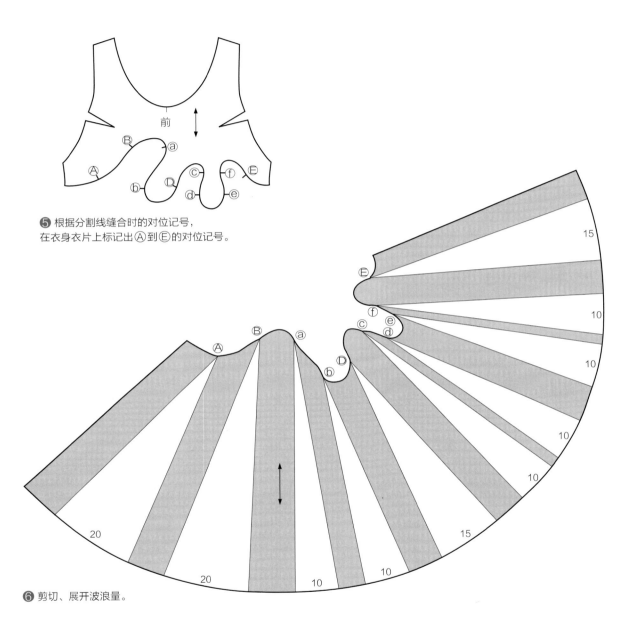

❺ 根据分割线缝合时的对位记号，
在衣身衣片上标记出Ⓐ到Ⓔ的对位记号。

❻ 剪切、展开波浪量。

布 编 织

这是一种用布进行编织，并在编织时加入褶的造型技术。

之前在杂志上看到过模特穿这种造型，便思考如何用布重叠织出复杂而漂亮的款式，并尝试制作其纸样。

若左右布条颜色不一样，交叉会更加清晰。

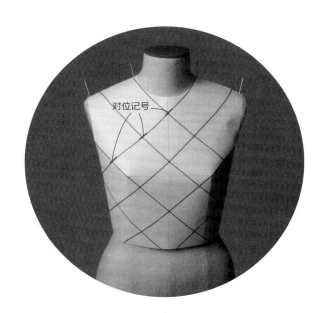

❶ 将纸原型组合穿在人台上，如图所示，加入对称的线，并在交叉处加上对位记号。

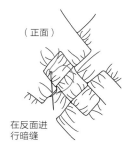

（正面）

在反面进行暗缝

此设计缝份很少，易散开，组合起来的布固定较困难。布会有一定程度的移动，在里面穿一件打底衫较好，应用于衬衣上也是独一无二的。若有里布，使用做交叉前的基础衣纸样，分别在领窝、袖隆处缝在一起为好。

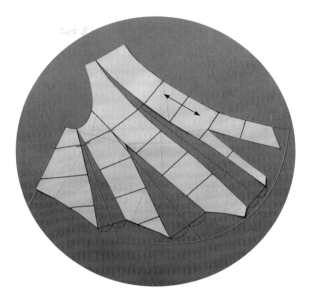

❷ 即使沿线剪开，未经过 BP 点处的布片依然放不平。
在这些部位加入褶裥，将省道关闭，纸样就展开了，
再次切展，增加褶裥量。褶量可根据面料及喜好进行变化。

❸ 按上图进行裁剪。
布的丝缕处于不同的方向，交叉时容易造成布料拉伸，裁剪
时下摆处多放些余量，最后修正。

❹ 注意：打剪口时不要剪过头，剪到❶中标记的对位记
号处为止。

❺ 如在人台上加入的对称的线那样，从上面开始将布交叉
组合。

第 52 页：布编织的衬衣

利用前文所述的技术，我设计了这款左右不对称的衬衣。

加入剪口的布的底部呈竹叶状。布片底部未缝住，可自由垂荡。

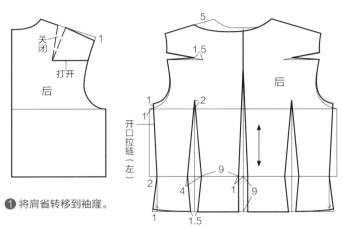

❶ 将肩省转移到袖窿。

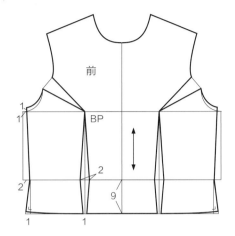

❷ 左右不对称，在后衣身上画出领窝造型。

❸ 前衣身合体纸样。

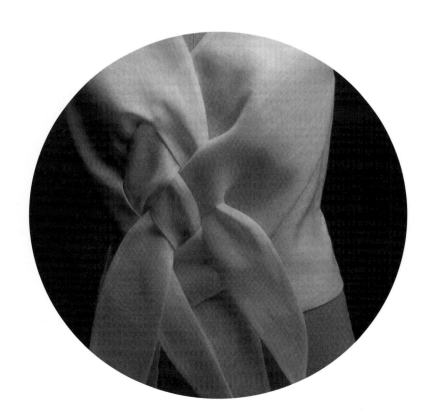

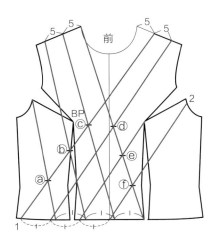

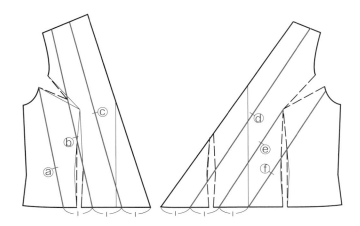

④ 添加前衣身交叉线。
加上左右衣身交叉点的对位记号ⓐ到ⓕ。

⑤ 将左右衣身分开，分别取出各衣片。
交叉线经过 BP 点时，纸样制作简单，
如右前衣身那样不经过 BP 点时，如图所示，可调整袖窿处的省道长度。如图所示将腰省关闭。

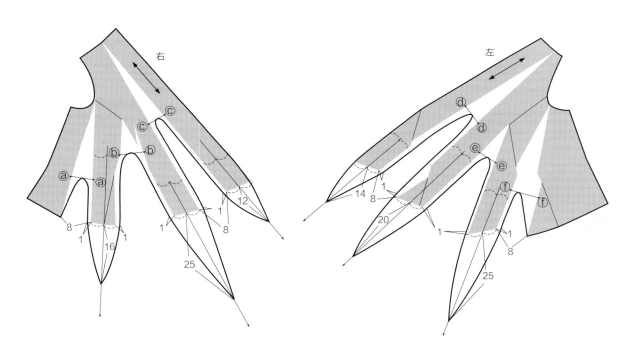

⑥ 将省道关闭，剪开纸样。在底部前端加上装饰造型。因所采用面料极薄且透明，其效果独一无二。

竹编

第 53 页：竹编造型

　　用一块布去表现十二层领子似的重叠效果，这是一种激发想象力的技术。

　　此款呈现似竹子的重叠形状。

　　若做出较合身的效果，布的阴影效果会更明显。

❶ 用纸做出原型，画出竹子状的褶裥线。

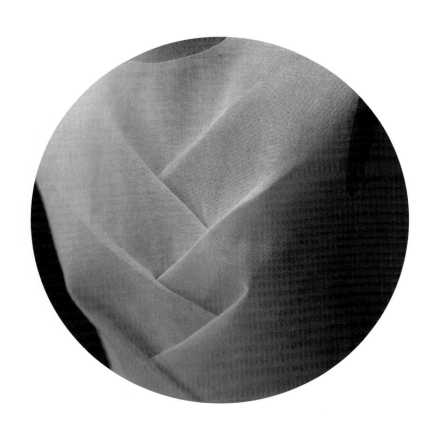

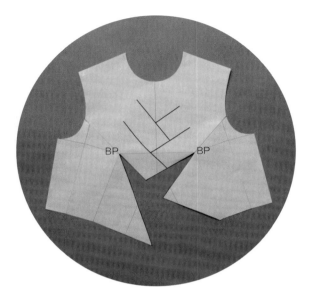

❷ 在褶裥线上加上剪口，将省道关闭，展平纸样。
只打开到 BP 点，BP 点以上不打开。

❸ 将分割线延长到肩缝、袖窿，加出褶裥量。

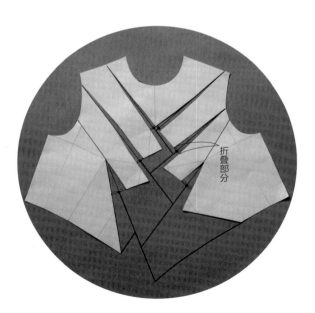

折叠部分

❹ 如红线那样将布剪开。
折叠量要考虑缝份的情况，至少需要 1.5～2 cm。

❺ 从上部开始折叠褶裥。

（里）

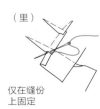

仅在缝份
上固定

蝴蝶结

根据喜好在衣身上设置褶，

将褶集中到一处后打结，

便变成了有创意的服装。

通过设计打结的纸样，

在喜欢的地方制作蝴蝶结，

然后通过改变蝴蝶结的宽度、长度和打结等方法，

便能得到各种自由的设计。

第 54 页：蝴蝶结连衣裙

记住蝴蝶结的纸样基本操作

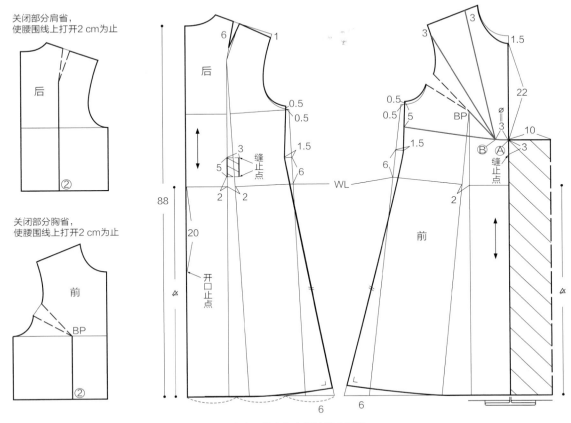

关闭部分肩省，
使腰围线上打开2 cm为止

后

关闭部分胸省，
使腰围线上打开2 cm为止

前

BP

后

6 1

0.5
0.5

3
缝止点
5
2 2

1.5
6

WL

88

20

开口止点

6

3 3

3 1.5

0.5 0.5
0.5 5
BP
6
1.5
2

⌀=3
10
Ⓑ Ⓐ 3
缝止点

22

前

❶ 肩省、胸省都关闭一部分，使腰围线上打开 2 cm 为止，做出连衣裙的基本纸样。
确定想做蝴蝶结的中心位置Ⓐ。
Ⓐ处打蝴蝶结，加上必要的蝴蝶结宽度的松量⌀（这里取 3 cm），并从那里开始添加剪开线。
剪开线根据加入褶的位置确定。

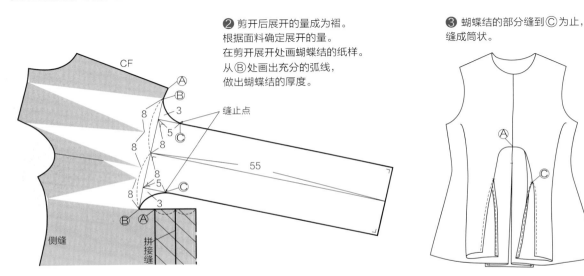

❷ 剪开后展开的量成为褶。
根据面料确定展开的量。
在剪开展开处画蝴蝶结的纸样。
从Ⓑ处画出充分的弧线，
做出蝴蝶结的厚度。

CF

Ⓐ
Ⓑ
8 3 缝止点
5 Ⓒ
8 8

8
5
8 Ⓒ
3

Ⓑ Ⓐ

侧缝

拼接缝

55

❸ 蝴蝶结的部分缝到Ⓒ为止，
缝成筒状。

Ⓐ

Ⓒ

第 55 页："蝴蝶结"A

与 83 页的连衣裙的"蝴蝶结"的纸样操作类似，只是蝴蝶结的造型改变了。

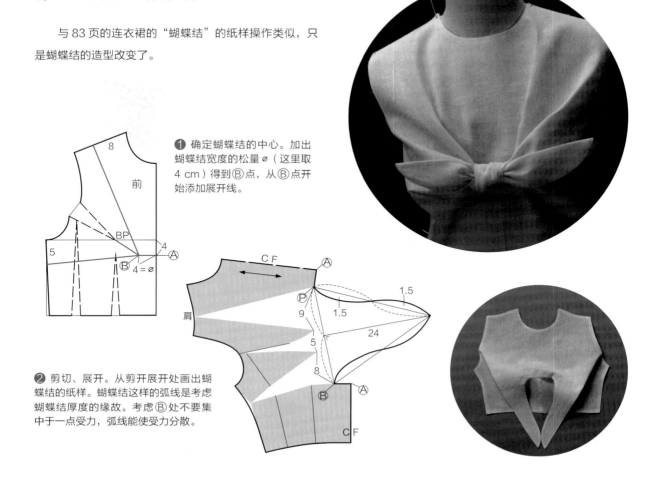

❶ 确定蝴蝶结的中心。加出蝴蝶结宽度的松量 ø（这里取 4 cm）得到 Ⓑ 点，从 Ⓑ 点开始添加展开线。

❷ 剪切、展开。从剪开展开处画出蝴蝶结的纸样。蝴蝶结这样的弧线是考虑蝴蝶结厚度的缘故。考虑 Ⓑ 处不要集中于一点受力，弧线能使受力分散。

第 55 页："蝴蝶结"B

这是一款从衣身连裁出来的布片与从领子处连出来的布片打成一个蝴蝶结的设计。

蝴蝶结的两片布顶部都连裁。

乍一看很复杂，实际纸样很简单。

制作前卫的结，很有乐趣。

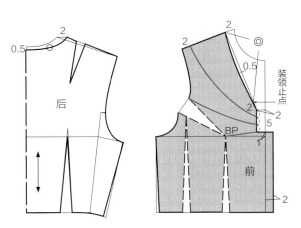

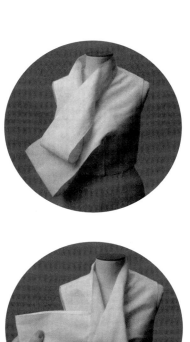

① 用原型制图。这个结可以纵向打结。
根据结的宽度和厚度,添加展开线。

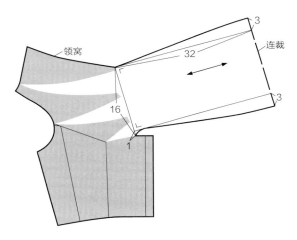

② 关闭前衣身的省道,剪切并展开。
从剪切展开处开始画结的纸样,连裁。

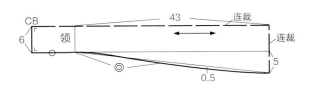

③ 从领子连裁,画出另一个结。
结的丝缕线以长的方向是经纱方向,打出来的结看上去较硬朗,若用
45°斜料,结看上去就柔顺。此外,若想加入拼接缝,将拼接缝藏在结
内较好。

此处稍微改变了左边结的打结方法,其
他的打结方法也值得一试。

第 55 页："蝴蝶结" C

这是一款中心偏右侧的蝴蝶结制作，共做了两个蝴蝶结。

两个蝴蝶结分开打结显得很可爱。

两个蝴蝶结可以一样大，若不一样大也很时尚。

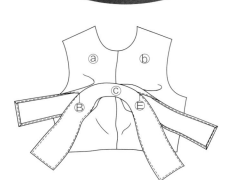

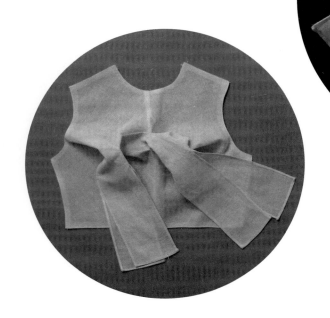

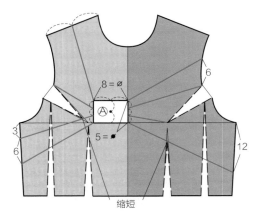

将第二个结ⓒ与从衣身连裁出来的结重叠，将中间部分缝成筒状，缝到缝止点为止。

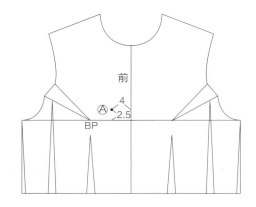

❶ 确定结的中心Ⓐ。

❷ 横向加出结的宽度松量（∅），纵向加出结的厚度松量（●）。添加剪切线。未经过剪切线的省尖，需调整使其在剪切线上。

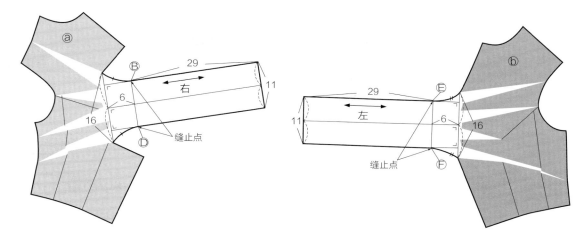

③ 关闭省道，剪切并展开。从展开量的中点开始画出两个结中衣身连裁出来的那片纸样。

④ 画出第二个结的纸样。

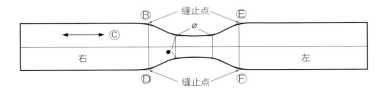

⑤ 将④的左右结翻转，并在中间加入 8 cm×5 cm 的长方形的量，将 3 片连成一片纸样。将线平滑连顺。

第 55 页："蝴蝶结" D

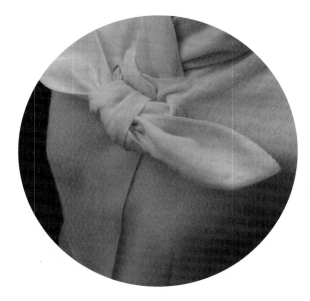

这是一款在衣身上做了两个可将打结布条
穿出的开孔的设计。

上下左右移动开孔的位置，

可得到不同的设计效果。

这也是创意纸样的一种。

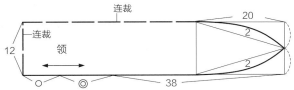

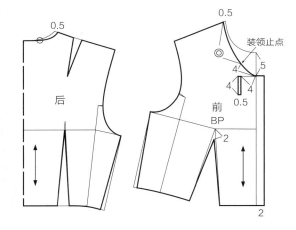

衣身使用原型来制图。
领子连裁出来的结从前衣身左右开孔中穿出。
结的长度根据交叉的长度、两个孔的间距和结的长度来确定。

中道友子魔法裁剪 1

第 56 页："双重表情" 领

这款领子从后面看是衬衣领，从前面看是两个领子。

双层的效果很有个性。

两个领子的纸样合在一起成为不可思议的一个衣领。

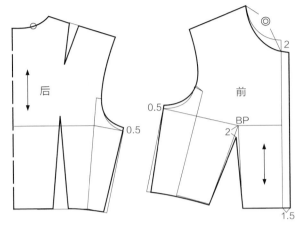

❶ 使用原型来绘制基础衣身的纸样。

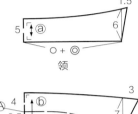

领

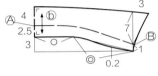

❷ 分别画出 2 个衣领的纸样。

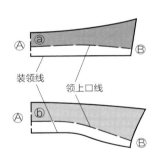

装领线

领上口线

❸ 边将两个领子的装领线合在一起，边在ⓐ上将ⓑ的领座拷贝。

❹ 取下ⓐ和ⓑ的领座，准备好纸样，如图所示在领座侧密密地添加切割线。

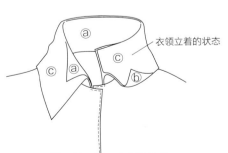

衣领立着的状态

如图所示，这个领子由ⓐ、ⓑ、ⓒ 3 个纸样组成。

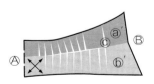

❺ 将❹中得到的ⓐ′和ⓑ′的纸样拼在一起（ⓑ′是纸样翻折后的状态），因倾斜度有差异，Ⓐ—Ⓑ之间会有空隙，长度也不一样。剪切、展开后按Ⓐ—Ⓑ合在一起，完成的纸样即ⓒ纸样。

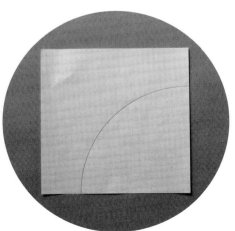

第 56 页：不可思议的弧线的领子

在一张纸上画弧线，然后沿弧线折叠。

可以看到弧线内侧稍弯曲，弧线外侧立起，与最初的平面完全不同。

试试将这种不可思议感应用于领子。

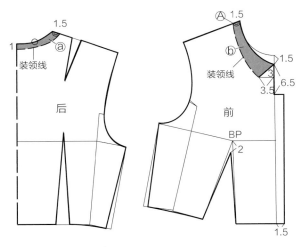

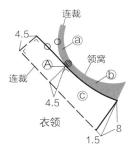

❶ 使用原型来绘制衣身的纸样。画出装领线位置。

❷ 将ⓐ和ⓑ的肩缝合并，在ⓑ的装领位置线Ⓐ处以直角画出领宽 4.5 cm，按ⓑ连顺领轮廓线，画出领内侧ⓒ。后领因为立领，量取后领弧长，画出长方形的后领。

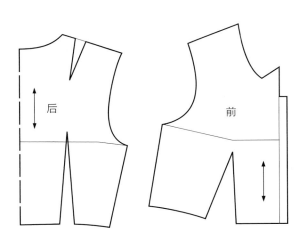

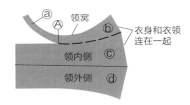

❸ 为了使成品轻薄柔软，将领内侧和外侧连裁。领外侧为ⓓ。ⓐ、ⓑ、ⓒ、ⓓ全部连着，这是衣身和领子一体化的纸样。因装领线为弧线且ⓑ（衣身）和ⓒ（衣领）连在一起，着装时和左页上的纸样一样，领子是立起来的，可看到完全不同的效果。

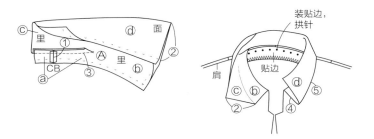

缝制方法顺序
① 将衣身（ⓐ）的后中心线（CB）缝合。
② 将领子纸样ⓒ、ⓓ的外口缝合。
③ 将后衣身装领位置和ⓒ缝合。
④ 将前衣身和ⓑ缝合。
⑤ 在装领位置将ⓓ装缝到衣身上。
※ 这里说明中有省略，实际装领时衣身领窝处装领贴，如图所示将后领装领处与贴边用拱针固定。

成人女子文化式原型 M 号尺寸（1：2 纸样）

在复印机上以 200% 的比例扩印即可得到全码纸样。

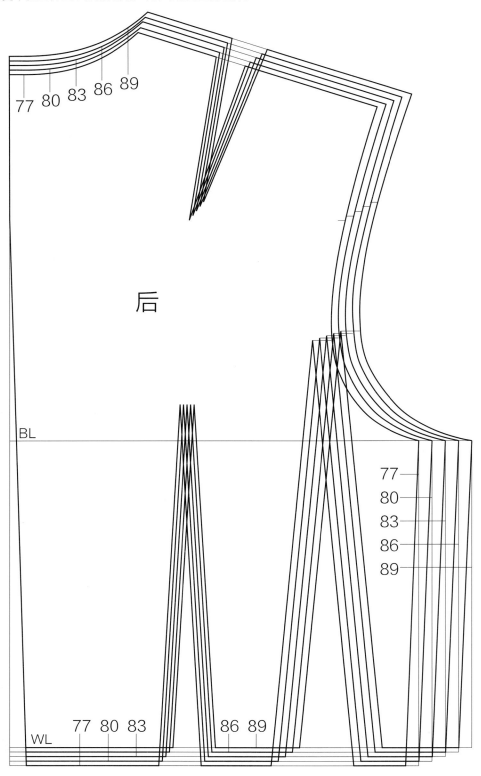

后

77 80 83 86 89

BL

77
80
83
86
89

WL   77 80 83   86 89

胸围(B)	腰围(W)	背长
77	58	
80	61	
83	64	38
86	67	
89	70	

单位：cm

89 86 83 80 77

89 86 83 80 77

前

BP   BL

89 86 83 80 77

77
80
83
86
89

89 86 83 80 77

89 86   83 80 77   WL

后记

服装各种各样，有的像艺术品一样能刺激观众，

有的能随着人体运动而闪耀生命光彩，有的穿着随意且舒适，

但如何制作服装却没有定义。

服装的历史本来就是从把布缠在身上开始的。

因此，要灵活思考，以游戏的方式进行尝试。服装的设计表达不应有限制。

请一定要自由地思考，这是我不变的想法。

本书得以出版，

非常感谢包括笠井女士在内的很多人，

他们为书中的原型设计提供了建议。

最重要的是，我要感谢所有对这本书感兴趣并购买这本书的读者朋友。

パターンマジック

本书由日本文化服装学院授权出版

版权登记号：图字 09-2023-0010 号

PATTERN MAGIC by Tomoko Nakamichi
Copyright © Tomoko Nakamichi 2005
All rights reserved.

Original Japanese edition published by
EDUCATIONAL FOUNDATION BUNKA
GAKUEN BUNKA PUBLISHING BUREAU.

This Simplified Chinese language edition is
published by arrangement with EDUCATIONAL
FOUNDATION BUNKA GAKUEN BUNKA
PUBLISHING BUREAU, Tokyo, in care of
Tuttle-Mori Agency, Inc., Tokyo through Pace
Agency Ltd., Jiang Su Province.

原书装帧：冈山和子

原书摄影：川田正昭

图书在版编目（CIP）数据

中道友子魔法裁剪 1 /（日）中道友子著；张道英译. — 上海：东华大学出版社，2024.1

ISBN 978-7-5669-2283-0

Ⅰ. ①中⋯　Ⅱ. ①中⋯ ②张⋯　Ⅲ. ①立体裁剪　Ⅳ. ① TS941.631

中国国家版本馆 CIP 数据核字（2023）第 221024 号

责任编辑：谢　未

版式设计：南京文脉图文设计制作有限公司

封面设计：Ivy 哈哈

中 道 友 子 魔 法 裁 剪 1
ZHONGDAOYOUZI MOFA CAIJIAN 1

著　　者：中道友子

译　　者：张道英

出　　版：东华大学出版社（上海市延安西路 1882 号，200051）

本 社 网 址：dhupress.dhu.edu.cn

天猫旗舰店：http://dhdx.tmall.com

营 销 中 心：021-62193056　62373056　62379558

印　　刷：上海当纳利印刷有限公司

开　　本：787 mm × 1092 mm　1/16

印　　张：6

字　　数：177 千字

版　　次：2024 年 1 月第 1 版

印　　次：2024 年 1 月第 1 次

书　　号：ISBN 978-7-5669-2283-0

定　　价：69.00 元